JN234904

普及版

数の悪魔

算数・数学が楽しくなる12夜

エンツェンスベルガー［著］ ベルナー［絵］

丘沢静也［訳］

晶文社

テレージアに

Der Zahlenteufel
Ein Kopfkissenbuch für alle,
die Angst vor der Mathematik haben
by Hans Magnus Enzensberger
illustrations by Rotraut Susanne Berner
Copyright © 1997
Carl Hanser Verlag GmbH & Co. KG, München
Published by arrangement
through Meike Marx Literary Agency, Japan

数の悪魔・目次

ブックデザイン＝海野幸裕＋宮本香

第1夜

1の不思議

ずうっと前からロバートは、夢を見るのにウンザリしていた。だってさ、夢じゃ、いつも、ひどい目にあうんだから。

たとえば夢ではよく、バカでかくて、まずそうな魚にのみこまれた。のみこまれそうになったときには、恐《おそ》ろしい匂《にお》いで鼻《はな》がひん曲がった。また、どこまでもつづくすべり台で、いつまでもすべっていく夢も見た。「やめて！」とか「助けて！」とさけんでも、すべり落ちていくスピードはどんどん速くなり、ようやく目がさめると、汗《あせ》ぐっしょりになっていた。

夢では、ほかにもひどい目にあった。どうしてもほしいものがあったとしよう。たとえば、最低でも28段ギアのロードレーサー。するとかならず夢を見る。ライラック色でメタリック塗装《とそう》の自転車が地下室にある。夢とは思えないほど、はっきりしていた。ワイン棚《だな》の左にあって、鍵《かぎ》のナンバーだってわかっている。12345という数字だったから、簡単《かんたん》におぼえることができたのだ。真夜中《まよなか》に目をさまし、寝ぼけまなこで地下室の鍵をボードからはずして、パジャマのまま4階下の地下室におりていった。ところが、ワイン棚の左にあったのは、なんと、死んだネズミだった。ペテンじゃないか。まったくひどい話だ。

こんな意地悪《いじわる》にどうやったら負けないですむか、だんだんわかってきた。意地悪な夢がはじまると、眠ったまま、稲妻《いなずま》のようにすばやく考えることにしたのだ。ギョッ、むかつくな、またぁ。どうするつもりか、わかってるぞ。ぼくのこと、のみこむんだろ。でもさ、どこから見たって、夢のなかの魚じゃないか。のみこまれたって、ふん、夢にすぎない。また、こうも考えた。ああ、また、すべってく。だめだ、止《と》まらないぞ。でもさ、ほんとは、すべってないんだよ、ね。

そしてまた、あのすばらしいロードレーサーが出てくることもあった。ほしくてたまらないコンピューターゲームが、夢とは思えないほどはっきりと、電話の横に置かれていることもあった。でもロバートには、すぐ、それが夢であってほんとうじゃないとわかった。自転車のことなんか、気にしないことにした。無視《むし》してやった。だが、どんなに抜《ぬ》け目《め》なくやったつもりでも、いやな目にあった。だから、夢を見るのはきらいだった。

そんなある日、数の悪魔《あくま》があらわれた。

ともかくロバートはうれしかった。なにしろ夢に出てきたのが、いつもの腹ぺこの魚ではなかったからだ。ひょろひょろ背が高くて、ちょっとしたことでグラグラする塔から、どこまでもすべり落ちる夢じゃなかったからだ。ロバートが見たのは、牧草地《ぼくそうち》だった。ただ、おかしなことに、草が空高くのびていた。ロバートの頭や肩よりも、ずうっと高かった。あたりを見まわすと、目の前には、かなり年配で、かなり小柄《こがら》な紳士《しんし》がすわっていた。バッタくらいの大きさだろうか。スイバの葉っぱの上で、ゆらゆら揺《ゆ》れながら、目をちらちら光らせて、ロバートのことをじっと見つめている。

「だれ？」とロバートはたずねた。

男は、びっくりするような大声でさけんだ。

「数の悪魔だ！」

だがロバートは、こんな小さな男なんかかっこいいとはぜんぜん思わなかった。

「まずさ」とロバートは言った。「数の悪魔なんて、いやしないよ」

「ほほう。では、どうしてわたしと話をしているのかね。いやしないわたしと？」

「それにさ、ぼく、算数って聞《き》いただけで、じんましん出ちゃうんだ」

「どうして、また？」

「たとえばさ、『2人のパン屋が6時間で444個のパンを焼《や》くとします。では、5人のパン屋が88個のパンを焼くには、何時間かかるでしょう？』なんて問題、バカばかしいじゃないか」。ロバートは文句《もんく》を言いつづけた。「あほらしい暇《ひま》つぶしだよ。さあ、とっとと消えちゃいな！」

数の悪魔は優雅《ゆうが》な身のこなしで、スイバの葉っぱからとびおりてきて、ロバートの前に腰《こし》をおろした。ロバートのほうは腹を立てて、木の高さほどある草にすわっていたのだ。

「そのパンの問題、どこで出されたんだい。学校かな？」
「決まってるじゃないか。ぼくたちの算数の先生、新米《しんまい》でさ、ボッケル先生っていうんだけど、太ってるくせに、いっつも腹すかせてんだ。でさ、ぼくたちが計算問題で苦しんでると、気づかれないだろうと思って、こっそりカバンからパンを取り出してかじるんだ。ぼくたち計算してるのに」
「ふーん」。数の悪魔はニヤリとした。「おまえの先生のことは、ま、いいだろう。数学とはまったく関係のない話だ。ところで知ってるかい。ほんものの数学者というのは、たいてい、計算ができない。それに計算する時間だってもったいない。計算するんだったら計算機があるじゃないか。おまえ、もってないのかね」
「もってるよ。でも学校じゃ、使っちゃいけないんだ」
「なるほど」と数の悪魔は言った。「ま、いいじゃないか。九九《くく》くらいできたって、かまわんだろうが。電池《でんち》がなくなったときにも、安心だ。だがな、いいか、数学はちがう。九九とは、まるでちがう」
「へーえ」とロバートは言った。「そんなふうに言われたって、信じないよ。夢のなかでも宿題でいじめるんなら、大声だすからね。子どもの虐待《ぎゃくたい》だよお！」
「そんな弱虫《よわむし》だとわかってたら、来るんじゃなかった。ちょっとばかり、おしゃべりしようと思ってたんだが。夜は、たいてい暇でな。で、考えた。ひとつロバートのところにでも行くか。いつも、いつも、すべり落ちる夢ばかりじゃ、きっと、うんざりだろう」
「そうだよ」

目の前には、かなり年配で、かなり小柄な紳士がすわっていた。バッタくらいの大きさだろうか。スイバの葉っぱの上で、ゆらゆら揺れながら、目をちらちら光らせて、ロバートのことをじっと見つめていた。

「だろ」

「だからって、だまされないぞ」。ロバートはさけんだ。

ところがそのとき数の悪魔がとびあがると、急に体が大きくなった。

「悪魔にむかって、その口のきき方はなんじゃ」。そうさけんで悪魔が、まわりの草を踏《ふ》んづけはじめると、茎《くき》が地面にぺっちゃんこになった。悪魔の目がぎらぎらしていた。

「ごめんなさい」。ロバートはつぶやいた。

だんだん気味が悪くなってきたのだ。

「算数のことが、映画や自転車のことみたいに気楽《きらく》に話せるんだったら、悪魔なんていらないよね」

「そのとおり」と老人がこたえた。「数のなかに悪魔が住んでるのは、数がじつに簡単だからだ。そうさ、計算機だって必要《ひつよう》ないくらいにな。最初に必要なのは、ただひとつ。1という数だけ。1さえあれば、ほとんどのことができる。たとえば大きな数を見ると心配になるとしよう。そうだな、5 723 812という数字を考えてみる。これも最初はじつに簡単」

1+1
1+1+1
1+1+1+1
1+1+1+1+1
...

「こういう具合《ぐあい》にやっていけば、そのうち500万をこえていく。むずかしい、なんて言うんじゃないぞ。どんなバカにもわかる話だ。そうだろうが」

「うん」とロバートは言った。

「しかも、それだけじゃない」。数の悪魔は話をつづけた。銀の柄《え》のステッキをふりかざして、ロバートの鼻先でくるくるとまわしはじめた。

「500万をこえても、どんどんかぞえつづけるんだ。すると、もうわかっただろうが、はてしない無限《むげん》に達《たっ》する。つまりな、数ははてしなく無限にあるのだ」

はたしてその言葉を信じていいものか、ロバートにはわからなかった。

「それって、どうやってわかるわけ」と、ロバートはたずねた。「たしかめてみたの？」

「いや、たしかめちゃいない。まず第一に、そうするには時間がかかりすぎる。第二に、それは余計《よけい》なことだ」

ロバートには納得《なっとく》がいかなかった。

「最後までかぞえられるなら、無限じゃないよね」とロバートは反論した。「無限じゃなければ、はてしなくかぞえることはできないし」

「ちがう！」と数の悪魔がさけんだ。口ひげがふるえ、顔がまっ赤になって、怒《いか》りのあまり頭がふくれはじめ、どんどん大きくなっていった。

「ちがう？　でも、どうして？」とロバートはたずねた。

「バカ者。これまでにな、世界中で、チューインガムは何枚、噛《か》まれたと思うかね？」

「わかんないよ」

「だいたいでいい」

「ものすごくたくさんだよ」とロバートが言った。「ぼくのクラスの、アルバート、ベッティーナ、チャーリーだけでも、何枚にもなるし、ぼくの町だと、すごい数だし、ドイツでは、もっと多くなるし、それにアメリカも考えれば、……もう何十億《おく》枚にもなるよ」

「少なくともな」と数の悪魔が言った。「そこでだ、一番最後のガムのところまで、やってきたとしよう。さて、それからどうするか。わたしがポケットからもう1枚ガムを取り出す。すると、これまでかぞえた全部のガムにもう1枚加えた数になる。これまでより大きな数だ。わかったかね。ガムの数をかぞえる必要なんてない。どうだ、簡単だろう。これで十分だろう」

しばらく考えこんでからロバートは、その通りだと認《みと》めた。

「ところで、この逆《ぎゃく》もあるんだ」と、老人はつけ加えた。

「逆？　逆って、なに？」

「そうさ、ロバート」。老人はまたもやニヤッと笑った。「無限に大きな数だけじゃなく、無限に小さな数もあるということだ。しかも、はてしなくたくさんの数がな」。そう言って、数の悪魔はステッキをロバートの顔の前でプロペラみたいにブンブンふりまわした。

目がまわっちゃうよ。ロバートは思った。すべり台では何度も、どこまでもすべり落ちたけれど、それとおなじような感じだった。

「やめて」とロバートはさけんだ。

「なんでそんなにビクビクするんだ。だいじょうぶ。ほら、ここにまたガムが1枚ある。さて……」

と、ポケットから本物のガムを取り出した。もっともそのガムは、本棚の棚板のように大きくて、怪《あや》しげなライラ

ック色をして、石のように硬《かた》かった。

「それ、ガムなの？」

「夢のガムだ」と数の悪魔が言った。「これから、こいつをおまえと分けよう。いまはまだ、まるごと1枚。わたしのガムだ。1人で、ガム1枚」

そう言って数の悪魔は、怪しげなライラック色のチョークをステッキの先にくっつけて、話をつづけた。

「それは、こんなふうに書ける」

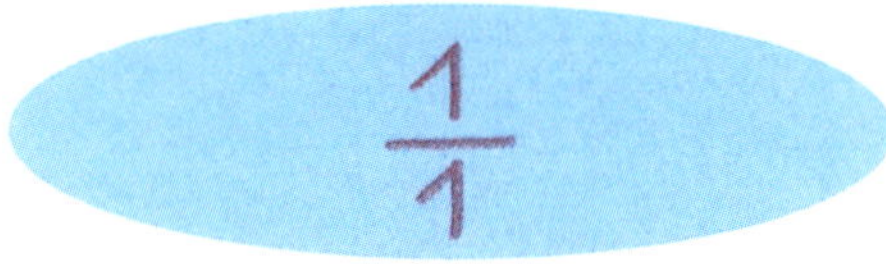

数の悪魔は1という数字を2つ、空に直接《ちょくせつ》書きつけた。ちょうど飛行機が、なにか広告の文句を空中に書きつけているみたいだった。ライラック色の文字は、白い雲を背景にしてただよっていたが、キイチゴのアイスクリームみたいに、しだいに溶《と》けていった。

ロバートの目は空に釘《くぎ》づけになった。

「すっごい！　ぼくにもそんなステッキがあったらなあ」

「たいしたことじゃない。雲にでも、壁《かべ》にでも、テレビの画面にでも、どんなものにだって、これで書ける。ノートもカバンもいらん。いや、脱線《だっせん》してしまった。ガムをよおく見てごらん。これから2つにわるからな。おまえとわたしで半分こ。2人で、ガム1枚。ガムは上に置いて、人は下」

$$\frac{1}{1+1}$$

「さて、もちろん、おまえのクラスでもガムがほしい子がいるだろ」

「アルバートとベッティーナ」とロバートが言った。

「いいよ。アルバートはおまえのところ。ベッティーナはわたしのところ。それぞれ半分ずつにすると、みんな4分の1ずつになる」

$$\frac{1}{1+1+1+1}$$

「もちろんこれで終わりじゃない。ガムがほしい人がもっといるからな。まず、おまえのクラスのみんな。それから学校のみんな。それに町のみんな。いま4人がもっているガムを半分にわり、それをまた半分にわり、さらに半分の半分を半分に、というふうにわっていく」

「気が遠くなるほど小さくなってく」とロバートが言った。

「目では見えないくらい小さくなるだろうな。だがそんなことは気にせずに、地球に住んでる60億人がみんな、ガムをもらえるようになるまで、わりつづける。いや、それだけじゃない。6000億匹のネズミもガムを待ってるぞ。

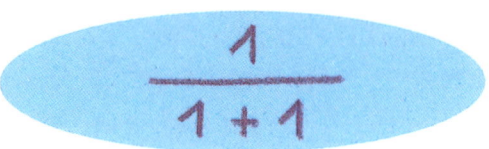

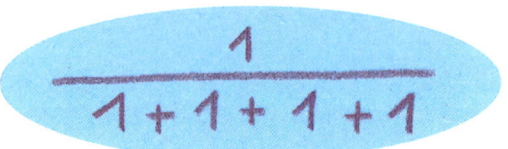

どうだい、わかったかね、こうやってわっていくと、絶対《ぜったい》に終わることがない」

空にひいたはてしなく長いライラック色の線のしたに、老人はステッキで、ライラック色の1をどんどん書きつづけていた。

「どこもかも全部、ライラック色になっちゃった」とロバートがさけんだ。

「どうだね」。数の悪魔は大声を出して、ますます得意《とくい》そうな顔をした。「おまえのために書いてやったんだ。なにしろ、おまえは算数がきらいで、なんでも簡単にすませたいんだろ。頭がパニックにならんようにな」

「でもさ、いつまでもずうっと1ばっかりじゃ、退屈《たいくつ》しちゃうよ。それにさ、ちょっとまわりくどいみたいだし」。ロバートは抵抗《ていこう》してみた。

「そうかい」と老人は言って、空に書いた1を全部、無造作《むぞうさ》に手で消してしまった。「いつもずっと1＋1＋1＋1……というよりは、もっとましなことを思いつけば、便利《べんり》だろう。そこで、わたしがほかの数字を発明《はつめい》したんじゃ」

「えっ、悪魔が？　悪魔がほかの数字を発明しただって？　悪いけど、信じられない」

「まあ、な」と老人が言った。「わたしというか、ほかの何人かがね。まあ、だれでもいいじゃないか。どうしてそんなに疑《うたぐ》り深いんだね。どうだ、教えてやろうか。1 だけで、ほかの数字が全部つくれるんだよ」

「いったい、どうやって？」

「ああ、じつに簡単。まずは、こうだ」

$$1 \times 1 = 1$$

「次に、こうやってみる」

$$11 \times 11$$

「どうだ、電卓《でんたく》がほしいかね？」

「とんでもない」とロバートが言った。

$$11 \times 11 = 121$$

「ほうら」と数の悪魔が言った。「1 ばっかりから、2 ができただろ。さあ、こんどはどうなるかな？」

$$111 \times 111$$

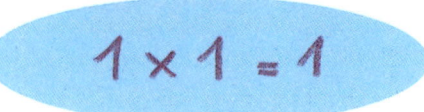

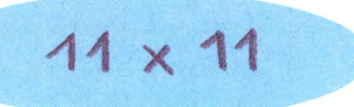

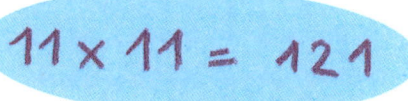

「これは大変だよ」とロバートが抗議《こうぎ》した。「暗算《あんざん》じゃできないよ」

「だったら電卓を使えばいい」

「どこにあるの？　夢のなかにまで電卓もってきてないよ」

「じゃ、これ使ったら」。数の悪魔はロバートに電卓を渡《わた》した。もっともそれは、まるでパン粉《こ》でこねた電卓みたいで、不思議《ふしぎ》と柔《やわ》らかかった。どぎつい緑色《みどりいろ》をしていて、ねばねばしていたけれど、ちゃんと動いた。ロバートは電卓の数字を押《お》していった。

111×111

さて、どんな答《こたえ》が出たのかな？

12321

「すごい」とロバートが言った。「もう、3ができたじゃない」

「ほらな。その調子で、やってけばいい」

ロバートはどんどん数字を押していった。

1111×1111=1234321
11111×11111=123454321

「よおし、いいぞ」。数の悪魔はロバートの肩《かた》をポーンと

たたいた。「この式には、ほかにも特別のトリックがある。もう気がついたと思うがね。つまり、そうやって計算をつづけていくと、2から9までの数が出てくるだけじゃない。出てきた答は、前から読んでも、後《うし》ろから読んでも、おなじなんじゃ。ちょうど、ほら、トマトとか、シンブンシとか、タケヤブヤケタみたいにな」

ロバートはどんどん計算をつづけてみた。だが

1111111×1111111

のところで、電卓の電池が切れた。プスッという音をたてて、どぎつい緑色のお粥《かゆ》になって、ゆっくりと溶けはじめたのだ。

「くそっ、ちくしょう」とロバートはさけび、指についたどろどろした緑の液体を、ハンカチでぬぐった。

「もっと大きな計算機がほしいな。まともなコンピューターだったら、そんな計算、あっというまにやっちゃうんだが」

「ほんとに？」

「ああ、もちろん」と数の悪魔は言った。

「もっともっと先の計算も？」とロバートはたずねた。「気が遠くなるほど先まで？」

「もちろんじゃ」

11 111 111 111×11 111 111 111

「じゃ、この計算、やってみたことある？」

「いや、ない」

「これって、おかしいんじゃないかな」とロバートが言った。

数の悪魔は暗算をはじめた。ところが暗算をしているうちに、恐ろしくふくれはじめた。まず、頭がふくれて、赤い風船《ふうせん》のようになった。「怒《おこ》ってるのかな」とロバートは思った。

「いや、がんばってるのかな」

「待てよ」と老人はうなった。「どうもメチャクチャだ。いまいましい。おまえの言うとおり、おかしいぞ。これ、どこで教えてもらった？」

「ううん、ぜんぜん知らなかったよ」とロバートが言った。「見当《けんとう》つけてみただけさ。そんな計算するほど、バカじゃないからね」

「恥《はじ》を知れ。数学じゃ、見当などつけんものだ。いいか、数学は、きちんとやるもんじゃ」

「でも、気が遠くなるほど先まで、どんどん行くって言ってたじゃない。あれって、見当つけたんじゃないの？」

「失礼《しつれい》な。自分を何様《なにさま》だと思っておるんだ。青二才《あおにさい》の、はなたれ小僧《こぞう》のくせして、わたしに教えようってのか」

ひとこと言うごとに、数の悪魔は縦《たて》に横《よこ》に大きくなっていった。ハアハアと息をした。ロバートはだんだん怖《こわ》くなってきた。

「数のネズミ！　頭よ、小さくなれ！　ネズミの糞《ふん》の行列《ぎょうれつ》！」と老人はさけんだ。最後の言葉をしぼり出すやいなや、数の悪魔は、怒りのあまり、大きな音をたてて爆発《ばくはつ》した。

ロバートは目をさました。ベッドから転《ころ》がり落ちていたのだ。ちょっと頭がくらくらしていたけれど、数の悪魔にひと泡吹《あわふ》かせてやったことを思い出すと、笑いがこみあげてくるのだった。

第2夜

0はえらい

ロバートはすべった。あいかわらずおなじ夢だった。眠りこむといきなり、すべりはじめるのだった。どんどんすべり落ちていく。こんどは、体操で使う木登りポールみたいなものだった。「下を見るんじゃない」。ロバートは自分に言いきかせた。ポールにしがみつき、手のひらをやけどしそうになりながら、ゆっくりとおりていった。……そしてようやくの思いで、コケがびっしりと生《は》えた柔らかい地面にドシンとおりると、どこかからクスクス笑う声がきこえた。目の前には、数の悪魔が、茶色の革《かわ》のビロードのように柔らかそうなキノコの上に腰かけて、ちらちら光る目でじっとロバートを見つめていた。悪魔って、こんなに小柄だったかな。

「どこから来たのかね」とたずねられて、ロバートは上のほうを指さした。木登りポールは背が高く、頭には斜《なな》めの線がくっついていた。ロバートがおりたのは、大きな1の数字ばかりが生えている森だった。

まわりの空気がブンブンふるえている。小さな蚊《か》のように、数字たちがロバートの鼻先で飛びまわっている。手で追いはらおうとしたが、数が多すぎる。2、3、4、5、6、7、8、9。小さな数字の群が、ロバートをかすめるようにして飛びまわっている。ロバートは蚊とか蛾《が》がもともと苦手《にがて》だった。そばに寄《よ》ってこられるのがいやだった。

「苦手なのかね」。老人の悪魔が薄い手のひらをひろげて、サーッと数字たちを追いはらうと、急に、あたりの空気がきれいになった。数字の1みたいな木登りポールだけが、何本もにょきにょき立っていた。

「さ、ロバート、すわるんだ」と数の悪魔が言った。おどろくほど優しい声だ。

「どこに。キノコの上？」

「いいだろ」

「なんだかおかしいな」。ロバートが文句をいった。「ここ、いったいどこなのさ。子どもの本のなか？　このまえはスイバの葉っぱで、こんどはキノコか。なんだか見おぼえがあるよ、この景色。昔、なにかの本で読んだことがある」

「もしかしたら『不思議の国のアリス』に出てくるキノコかね」と、数の悪魔が言った。

「おとぎ話と数学にどんな関係があるのか、わかんない。悪魔なら知ってるかもしれないけど」。ロバートがつぶやいた。

「夢を見りゃ、ま、こんなもんだ。もしかしたら、ここの蚊を考え出したのはこのわたしだとでも思ってるのかね。だが、ベッドで横になって、眠って夢を見てるのは、わたしじゃないぞ。ほら、わたしの目はパッチリあいておる。さ、どうした。そこに、ずうっと突っ立ってるつもりか」

それもそうだな。ロバートは、すぐそばのキノコによじ登った。とっても大きくて、柔らかい、こぶのようなキノコで、クラブ・ハウスなんかに置いてある、ふかふかの安《あん》楽《らく》椅《い》子《す》みたいだった。

「下を見るんじゃない」。ロバートは自分に言いきかせた。ポールにしがみつき、手のひらをやけどしそうになりながら、ゆっくりとおりていった。……ロバートがおりたのは、大きな１の数字ばかりが生えている森だった。

「どうだ、気に入ったかね」

「まあね。でもさ、数字の蚊や、ぼくがすべりおりた数字の1は、だれが考え出したんだろう。そういうの、ぼくの夢じゃ、絶対に出てこない。やっぱり、悪魔のしわざだ」

「かもしれん」。数の悪魔はキノコの上で気持ちよさそうに手足をのばした。「だが、ひとつ忘れていた」

「なにを？」

「ゼロだ」

そうだ。そういえば、0の蚊や蛾は1匹もいなかった。

「どうして？」とロバートがたずねた。

「0という数字はな、人間が最後に考え出した数字だからだ。たしかに0は、あらゆる数字のなかで、いちばん洗《せん》練《れん》されてるからね。ほら、見てごらん」

数の悪魔は、数字1の木登りポールのすきまから見える空に、ステッキで書きはじめた。

MCM

「ロバートは何年生まれかね」

「1986年だよ、ぼく」。ロバートはちょっとむっとした。

すると老人は、こんなふうに書いてみせた。

MCMLXXXVI

「それ、知ってる」。ロバートがさけんだ。「昔の数字だ。

お墓《はか》なんかに書いてあるよ」

「古代ローマの数字なんじゃ。かわいそうに昔のローマの人は大変だった。数字を読むのに苦労したが、ともかくそんな数字を使うようになった。さて、これは読めるだろ」

I

「1 でしょ」。ロバートが言った。

「では、これは？」

X

「Xってのは、10 だ」

「よし、それじゃ、おまえが生まれた年は、こう書ける」

MCMLXXXVI

「ああ、なんてややっこしいんだ」とロバートはうめいた。

「たしかに。じゃ、どうしてややっこしいか、わかるかね。ローマ人が 0 を知らなかったからだ」

「わかんない。それにさ、だいいち 0 だって、悪魔だって、ないものなんだよ。0 って、なんにもないってことなんだから」

「そうだ。しかし、それが 0 のえらいところなんだ」と老人が言った。

「でも、どうして、なんにもないものが数になっちゃうわけ？　なんにもないなら、かぞえられないわけでしょ？」

「かもね。0を手に入れるのは、簡単じゃない。だが、やってみよう。おぼえてるかな。大きなガムを何十億という人で分けただろう。ネズミはこのさい考えないことにして。もらえるガムは、どんどん小さくなっていった。目ではぜんぜん見えないほどにな。顕微鏡《けんびきょう》でも見えないくらい小さくなっていった。そんなに小さくなっても、まだガムをわることができたが、ガムがすっかりなくなったわけじゃない。0にはならん。だいたいのところ0だが、ちゃんとした0じゃない」

「それで？」

「で、ちがったふうに考えることにするんだ。マイナスを使ってやってみよう。マイナスを使えば、簡単になる」

老人はステッキをのばして、そばにあった背の高い木登りポールの頭をコツンとたたいた。するとその数字の1は縮んで、ロバートの手のとどく高さになった。

「よし、じゃ、計算してごらん」

「計算できないよ」。ロバートは抵抗した。

「そんなバカな」

$$1-1=$$

「1ひく1は0」とロバートが言った。「あたりまえじゃない、こんなの」

「ほうらな。0がないとやれないだろ」

「でも、なんで0を書かなきゃならないの？　なんにもないんだから、書く必要ないわけでしょ。ないものをあらわす変な数字は、なんのためにあるの？」

「じゃ、これ計算してごらん」

$$1-2=$$

「1ひく2はマイナス1」

「そうだ。さて、0がないと、おまえの考える数はこんな行列になっちゃうぞ」

$$\ldots 4, 3, 2, 1, -1, -2, -3, -4 \ldots$$

「4と3の差は1だろ。3と2の差も1だ。2と1の差も1。ところが、1と−1の差はどうなる？」

「2だよ」。ロバートは胸《むね》をはって答えた。

「だったら、1と−1のあいだにも、ちゃんと数が必要になるだろうが」

「ちぇ、しゃくだな、0のやつ」。ロバートはさけんだ。

「だから言ったろうが、0がないと、うまくいかん。だがローマ人はかわいそうに、0なんかいらないと思ってた。だから、簡単に1986と書けなかったので、MとCとLとXとVとで四《し》苦《く》八《はっ》苦《く》した」

「ところでそれって、ガムやマイナスとどんな関係があるの？」ロバートはいらいらしてきた。

「ガムのことは忘れよう。マイナスのことも忘れよう。

0 がもってるほんとうのトリックは、もっと別のところにある。そのためには頭を使わなくちゃ。どうだ、まだ、やれるか。それとも疲《つか》れたかね」

「ううん」とロバートは言った。「すべり落ちなくていいから、うれしいよ。キノコも、なかなかすわり心地がいいし」

「よろしい。では、もうひとつ、簡単な問題を出させていただきましょう」

どうして突然《とつぜん》、数の悪魔のやつ、礼儀《れいぎ》正しくなっちゃったんだろう。なにか罠《わな》にはめるつもりだな。

「さあ、どうぞ」とロバートは言った。

数の悪魔が出した問題は、こういうものだった。

$$9 + 1 =$$

「罠がないんだったら」。ロバートは矢のようにすばやく答えた。「10 だ」

「じゃ、それをどう書くかな？」

「ボールペン、もってないから」

「だいじょうぶ。空に書けばいい。ほら、このステッキで」

$$9 + 1 = 10$$

ライラック色の雲の文字をロバートが空に書いた。

「どうして」と数の悪魔がたずねた。「どうして1と0なんだい。1たす0は10にはならんぞ」

「ちがうよ」。ロバートがさけんだ。「1プラス0なんて、どこにも書いてないでしょ。1のとなりに0が並《なら》んでるから、10なんだよ」

「じゃ、どうしてそれが10なのかね」

「だって、そう書くでしょうが」

「じゃ、どうしてそう書くのかね。説明してもらいたい」

「どうして、どうして、どうして……。うるさいなあ」。ロバートはうなった。

「知りたくないのかね」。数の悪魔は、キノコの上で気持ちよさそうにふんぞりかえった。長い沈黙《ちんもく》に、とうとうロバートは我慢《がまん》できなくなった。

「じゃ、教えてよ」

「簡単だよ。ホップすればいい」

「ホップする？」と、ロバートはあきれた。「それって、どういう意味？　ホップ、ステップ、ジャンプのホップのこと？　いつから数がホップするようになったの？」

「このわたしがそう呼ぶから、ホップするという。ここではだれがえらいか、忘れるな。いいか、だてに数の悪魔をやってるわけじゃないんだぞ」

「わかった、わかったよ」と、ロバートは悪魔をなだめた。「じゃ、教えてよ。ホップするって、どういうこと？」

「よろしい。一番いいのは、また1ではじめることだ。正確にいうと、1かける1でだが」

$$1 \times 1 = 1$$
$$1 \times 1 \times 1 = 1$$
$$1 \times 1 \times 1 \times 1 = 1$$

「何回かけても、いいが、いつも答は 1 だ」

「うん。で、それから？」

「よし、それを 2 でやってごらん」

「うん」とロバートは言った。

$$2 \times 2 = 4$$
$$2 \times 2 \times 2 = 8$$
$$2 \times 2 \times 2 \times 2 = 16$$
$$2 \times 2 \times 2 \times 2 \times 2 = 32$$
$$\cdots$$

「すごい。どんどん大きな数になってく。もっと先までやるんだったら、電卓がいるよ」

「いや、そんなもの、いらん。5 でやると、もっと早く大きな数になるぞ」

$$5 \times 5 = 25$$
$$5 \times 5 \times 5 = 125$$
$$5 \times 5 \times 5 \times 5 = 625$$
$$5 \times 5 \times 5 \times 5 \times 5 = 3125$$
$$5 \times 5 \times 5 \times 5 \times 5 \times 5 = 15625$$

「やめて」とロバートはさけんだ。

「大きな数が出てくると、どうしてそんなにビクビクするんだ。かみついたりなんかしないのに」

「心配《しんぱい》になるんだ」とロバートが言った。「それにさ、おなじ5ばっかり、くり返しかけるなんて、面倒《めんどう》じゃないか」

「たしかにね。だから数の悪魔としては、いつもおなじことは書かない。あんまり退屈だからな。そのかわり、こんなふうに書く」

$$5^1 = 5$$
$$5^2 = 25$$
$$5^3 = 125$$

「5の1乗《じょう》、5の2乗、5の3乗。これをな、5をホップさせる、と言うんじゃ。わかったかな。おなじことを10でやると、もっと簡単だ。計算機なんかなくったって、すらすらできる。10を1回ホップさせれば、そのまま10だ」

$$10^1 = 10$$

「2回ホップさせると」

$$10^2 = 100$$

「3回ホップさせると、こうなる」

$$10^3 = 1000$$

「5回ホップさせると」とロバートがさけんだ。「100 000だ。6回ホップさせると、100万だよ」

「そうやって、はてしなく大きな数になる」と数の悪魔が言った。「とっても簡単だろ。それが0のすごいところだ。任意《にんい》の数xがどの位《くらい》にあるかによって、数の大きさがすぐわかる。前にいくほど大きい数で、後ろにいくほど小さい数。555と書けば、最後の5は、5であって、それ以上ではない。後ろから2番目の5は、5の10倍で、50。一番前のは5の100倍で、500。どうしてか。ホップして前に動いてるからだ。ところが昔のローマ人の5は、ずっと5のままだった。ローマ人はホップできなかった。ホップできなかったのは、0をもってなかったから。だから、MCMLXXXVIなんていう、ややっこしい数の書き方しかできなかった。ところがロバート、おまえはちがう。うれしいことに、ずいぶん進歩したからな。0に助けてもらって、ちょっとホップすれば、普通《ふつう》の数なら大小どんな数でも、自分でつくることができる。たとえば786だって」

「786なんて、使うことないよ」

「なあんだ。もうちょっと賢《かしこ》いと思ってたが。じゃ、おまえの生まれた年にしよう。1986だ」

老人は脅迫《きょうはく》するように、またふくれはじめた。すわっているキノコも、おなじようにふくれはじめた。

「さあ、やるんだ」。悪魔はうなり声をあげた。「さ、はやく」

ありゃ、またはじまっちゃった。怒ると、この悪魔、手がつけられないよ。ボッケル先生よりたちが悪いんだから。恐る恐るロバートは大きく1と空に書いた。

「ちがう」。数の悪魔がさけんだ。「まったく、話にならん。なんでまた、こんな間抜《まぬ》けの相手をすることになったんだ。おい、あほう、数をつくるんだぞ。気楽《きらく》に書くんじゃない」

できることならロバートは、すぐに夢からさめたかった。なんでこんな目にあわなくちゃならないんだよ。そう思いながら、数の悪魔の頭がどんどん赤く大きくなっていくのを、見つめていた。

「後ろからだ」と老人がさけんだ。

ロバートはぽかんと口をあけたまま、老人をじっと見た。

「後ろからはじめるんだ。前からじゃない」

「そう言うんだったら……」

ロバートは老人に逆《さか》らうつもりはなかった。1を消して、6を書いた。

「よし。ようやくわかったか。これで先に進めるぞ」

「いいけど」。ロバートはムッとした。「あのさ、いちいちこまかいことでそんなに怒らないでほしいんだけど」

「悪かったな」と老人が言った。「これが性分《しょうぶん》でな。数の悪魔はサンタクロースじゃないんだ」

「6って書いたけど、これでいいの？」

老人は首をふって、その下にこう書いた。

$$6 \times 1 = 6$$

「おなじじゃないか」とロバートが言った。

「いまにわかる。こんどは8が来る。ホップするのを忘れるな」

そういうことだったのか。突然わかったので、こう書いた。

$$8 \times 10 = 80$$

「わかったよ。どうやるのか」。ロバートは、悪魔に口をはさまれるまえにさけんだ。「9のときは、10で2回ホップするんだ」。そして、こう書いた。

$$9 \times 100 = 900$$

それから

$$1 \times 1000 = 1000$$

こんどは3回ホップした。

「これをたすと、こうでしょ」

ニヤニヤ笑っている数の悪魔の顔が、ますます横にひろがっていった。
口のなかの歯まで見えるほどだ。信じられないくらいたくさんの歯がある。

6 + 80 + 900 + 1000 = 1986

「そんなにむずかしくないよね。数の悪魔がいなくったって、できるよ」

「そうかね。調子にのるんじゃない。これまでは、ごく普通の数だった。簡単な相手だったからな。

さあて、これから、やっかいな数を出してやろう。うんとたくさんあるぞ。空想の数も出してやろう。わけのわからん数もだ。気が遠くなるくらいたくさんあるからな。おまえには見当がつかないだろうが。輪《わ》になって、ぐるぐるまわっている数とか、どんなことをしても止まりっこない数とか」

ニヤニヤ笑っている数の悪魔の顔が、ますます横にひろがっていった。口のなかの歯《は》まで見えるほどだ。信じられないくらいたくさんの歯がある。そして老人は、ロバートの鼻先でステッキをぐるぐるまわしはじめた……。

「助けて」とロバートはさけんで、目をさました。ねぼけたまま、ロバートはお母さんに言った。

「ぼくの生まれた年、知ってる？　6×1プラス8×10プラス9×100プラス1×1000なんだよ」

「近ごろ、ロバートったら、どうしちゃったんだろうね」。お母さんは首をふり、ココアの入ったカップを渡した。

「これ飲んで、元気になりなさい。おかしなことばかり言ってるよ」

ロバートはココアを飲んで、だまっていた。

お母さんには説明できないからね、と思ったのだ。

第3夜

素数の秘密

ときどき夢のなかで数の悪魔が訪《たず》ねてくる。ロバートにとっては、大事件だった。たしかに老人はロバートよりなんでもよく知っていた。怒ったからといって魅力的《みりょくてき》になるわけでもなかった。いつ、いばりはじめて、まっ赤な顔をしてどなりだすのか、まるで見当もつかなかった。しかしそれでも、ぬるぬるした魚にのみこまれたり、まっ黒の穴にどんどんすべり落ちる夢よりは、ましだった。はるかに、ましだった。

おまけにロバートは、こんど数の悪魔があらわれたら、自分だってバカじゃないってことを証明《しょうめい》するつもりだった。あいつをギャフンといわせてやらなくちゃ。眠りこむまえにロバートは思った。0のこと、あんなに自慢《じまん》してたけど、あいつだって、0とたいしてちがいがない。夢に出てくる幽霊《ゆうれい》にすぎないじゃないか。ぼくが目をさませば、もう、どっかに消えちゃうんだぞ。

しかし、ギャフンといわせるためには、まず数の悪魔の夢を見なくちゃならない。夢を見るには、まず眠りこまなくちゃならない。とすると、ロバートは気がついた。ことはそう簡単ではない。ベッドに横になったまま眠れず、寝返《ねがえ》りをうった。こんなことはこれまでなかった。

「どうしていつまでも寝返りをうってるんだい」と、数の悪魔がたずねた。

気がつくと、洞穴《ほらあな》のなかにベッドがあった。

目の前には老人がすわっていて、ステッキをふりまわしている。

「起きろ、ロバート。きょうは、わり算だ」

「もうはじめるの」と、ロバートがたずねた。「眠りこむまで、待ってくれてもよかったのに。それにさ、ぼく、わり算好きじゃないんだ」

「どうして？」

「だってさ、たし算やひき算とか、かけ算だったら、どんな計算でも答がちゃんと出るでしょ。でも、わり算はちがう。わりきれなくて、余《あま》りが残る。すっきりしないじゃないか」

「場合によりけりだ」

「場合って、どういうこと」と、ロバートがたずねた。

「余りが残る場合と、残らない場合があるということだ」。数の悪魔が説明した。「そこが大切なんだ。ちょっと見ただけで、わりきれるか、余りが残るか、わかる数もあるぞ」

「そうさ」。ロバートが言った。「偶数《ぐうすう》だと、2でわれば、いつもすっきりした答になる。簡単じゃないか。3の倍数《ばいすう》だって、おんなじように簡単にわりきれる。たとえば、こんなふうに」

$$9 \div 3$$
$$15 \div 3$$

「かけ算とおんなじことでしょ。ただし逆にやるんだけど」

$$3 \times 5 = 15$$

「これをさ、逆にすると」

$$15 \div 3 = 5$$

「これくらいのことなら、数の悪魔がいなくったって、ひとりでできるよ」

しかし、言ってはならない言葉だった。老人はロバートをぐいとベッドから引きずりおろした。ひげがピクピクふるえ、鼻がまっ赤になり、顔がふくれてきたようだ。

「なんにもわかっとらんな」。老人はさけんだ。「九九を知ってるくらいで、なんでもできると思ってるようだが。そんなの屁《へ》みたいなもんじゃ」

そら、はじまったぞ。ロバートは思った。まずぼくをベッドから引きずりおろしてさ、わり算する気がないってわかると、怒るんだ。

「親切心から、右も左もわからん坊主《ぼうず》のところに教えに来てやっているのに、わたしが話をはじめると、たちまち生意気《なまいき》になる」

「そういうのを親切って言うわけ？」

なんとかして逃《に》げ出したかった。だが、夢から逃げ出すには、どうすればいい？　洞穴のなかを見まわしたが、出口は見つからなかった。

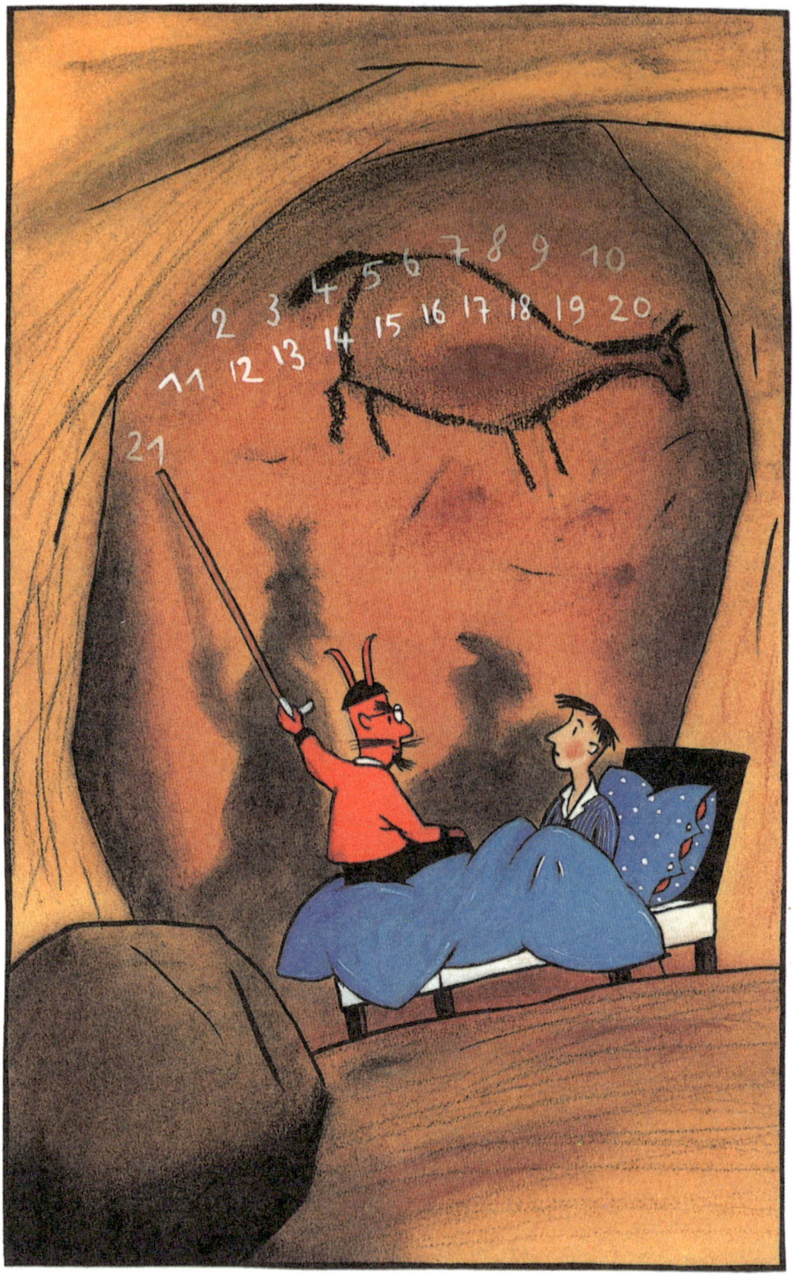

なんとかして逃げ出したかった。だが、夢から逃げ出すには、どうすればいい？　洞穴のなかを見まわしたが、出口は見つからなかった。

「どこへ行くんじゃ？」

「外へ」

「いま逃げ出そうものなら」。数の悪魔はおどかした。「わたしには二度と会えんぞ。ボッケル先生の授業で死ぬほど退屈するぞ。パンの問題ばっかりで気持ちが悪くなるぞ。わたしは、それでもかまわんが」

ロバートは考えた。言うとおりにしたほうが、よさそうだ。

「ごめんなさい。そんなつもりじゃなかったんだ」

「よろしい」

怒るのも早かったが、老人はもう穏《おだ》やかな顔にもどっていた。

「19」と老人がつぶやいた。「19 でやってごらん。これをきれいにわってみるんだ。余りが出ないように」

ロバートは考えこんだ。

「ひとつだけでしょ、方法は」。ようやくロバートが口をひらいた。「19 で、わるんだ」

「だめ」と数の悪魔が答えた。

「じゃ、0 で」

「だめ、だめ」

「どうしてだめなの？」

「そりゃ、禁《きん》じ手《て》じゃ。0 でわるのは、絶対にだめ」

「それでも、わっちゃったら？」

「そんなことすると、数学がバラバラになっちまう」

またもや怒りはじめたが、さいわい数の悪魔は怒りをおさえて、こう言った。

「よおく考えるんだ。もしも 19 を 0 でわると、いったいどうなるかね」
「わかんない。100か0か、いや、そのあいだの数かもしれない」
「さっき、おまえは言っただろうが。逆にすればいいだけだって。3の場合を書いてただろ」

$$3 \times 5 = 15$$

「そうすると、こうなるはず」

$$15 \div 3 = 5$$

「こんどはこれを、19と0でやってみるんだ」
ロバートは計算した。
「19わる0は、ええっと、190かな……」
「その逆は？」
「190かける0……、190かける0……は、0」
「ほら、な。どんな数でやってもおんなじ。答はいつも0で、19には絶対ならん。とすると、どういうことがわかるかね。つまりどんな数でも、0でわっちゃだめなんだ。おかしなことになっちゃうから」
「じゃ、いいよ。そうすることにする。でも、19って、どうすればいいの？　2でわっても、3でわっても、4、5、6、7、8、いや、どんな数でわっても、余りが残るじゃないか」

「さあ、いいか」と、老人はロバートに言った。「いいことを教えてやろう」。ロバートは老人のそばに顔を近づけた。あまり近くに寄りすぎたので、老人のひげがロバートの耳にあたって、くすぐったかった。数の悪魔はロバートの耳もとで秘密《ひみつ》をささやいた。

「まず区別をしておこう。わることのできる、ごく普通の数と、わることのできない数とがある。わたしはな、わりきれない数のほうが好きだ。なぜだか、わかるか。素数《そすう》というすばらしい数だからだ。数学者たちは何千年もまえから、この素数に手こずってきた。不思議な数なんじゃ。11とか13とか17というのが、素数だぞ」

ロバートはおどろいた。数の悪魔が突然、おいしいものを舌《した》の上でとろけさせているみたいに、うっとりとした顔になったからだ。

「じゃ、言ってごらん、ロバート。最初の素数をいくつか」

「0」とロバートが言うと、老人が怒った。

「0はだめ」。そうさけんで、またもやステッキをふりまわした。

「じゃ、1」

「1もだめ。何回言わせりゃ、気がすむんだ」

「じゃ、いいよ。そんなに怒らないでよ。2はどう。それからさ、3もいいんじゃない。4はだめだよね。さっきやったもん。5もいいな。われないから。うん、こんな感じで、どう？」

もう老人の怒りはおさまっていた。それどころかもみ手をはじめている。きっとまた、なにか特別の罠を用意してるんだ。

「そこが素数のすばらしいところじゃ。そうやって素数がどんなふうになっていくか、これまでだれも知らなかった。もちろん、わたしだけは知っている。だが秘密は、教えるわけにはいかん」

「ぼくにも？」

「もちろん。だれにも。つまりな、数を見ただけじゃ、それが素数か、素数でないか、区別がつかん。だれも最初からはわからない。確かめてみるしかない」

「どうやって？」

「教えてやろう」

老人はステッキで洞穴の壁をひっかいて、2から50までの数字を書いていった。書き終わったとき、だいたい、こんなふうだった。

	2	3	4	5	6	7	8	9	10
11	12	13	14	15	16	17	18	19	20
21	22	23	24	25	26	27	28	29	30
31	32	33	34	35	36	37	38	39	40
41	42	43	44	45	46	47	48	49	50

「さあて、ロバート、このステッキをもって。素数でない数字を見つけたら、トントンと軽くたたいてごらん。するとその数字が消える」

「あれ、1 がないよ」。ロバートが文句をいった。「0 もない」

「何回言わせりゃ、気がすむのかね。2 つとも、ほかの数とはちがって、特別な数でね。素数とはちがう土俵《どひょう》にある数なんだ。最初に見た夢のこと、忘れたのかね。ほかの数字は全部、1 と 0 からできてただろう」

「うん、そうだ。じゃ、まず偶数《ぐうすう》を消すよ。2 でわるのは簡単だから」

「偶数といっても、2 は別だぞ」。老人が注意した。「2 は素数だ。忘れるな」

ロバートはステッキをもって、消しはじめた。壁の数は、たちまち、こんな具合になった。

「こんどは3でやるよ。3は素数だ。そのあとの3の倍数は、素数じゃない。3でわれるからね。6、9、12、……」

ロバートは3の倍数を消していった。すると壁には、こんな数が残った。

「こんどは4だ。あ、そうだ、4でわれる数って、考えなくていいんだ。だって、4は素数じゃなくて、2×2なんだから、もう消されてるんだ。でも5は、素数だな。10は、もちろんちがう。2×5だから、とっくに消えてるんだ」

「1の位が5の数は、みんな消しちゃっていいんだぞ」

「うん、わかってる」

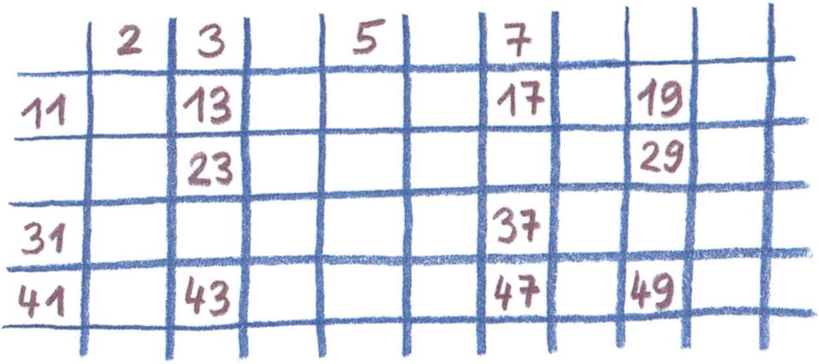

おもしろいじゃないか。ロバートはやめられなくなった。

「6も無視《むし》していいよね。2×3だから。けど7は、素数だ」

「いいぞ」。数の悪魔がさけんだ。

「11も素数」

「じゃ、残るのは、どういう数だ？」

さて、読者のみなさん。もう自分で見つけられるだろう。フェルトペンをもって、素数だけが残るまで、消していこう。こっそり教えておくと、ちょうど15個の素数が残る。それより多くも、少なくもない。

「よくやった、ロバート」

数の悪魔はパイプに火をつけ、ひとりでくすくす笑った。

「なにがおかしいの？」

「うん、50までではできたようだな」。数の悪魔は気持ちよさそうにあぐらをかき、意地悪なほほえみを浮《う》かべた。

「こんな数はどうだ？」

10 000 019

「あるいは、こんなの」

141 421 356 237 307

「これは、素数かね。それとも素数じゃない？　たくさんの数学者が頭を悩《なや》ませてきたんだが、どんなにえらい数の悪魔でさえ、歯が立たん」

「あれっ、さっきと話がちがうじゃない。ずっと先まで行って、素数がどうなるか、わかってるって言ってたじゃない。教えてやらないだけだ、って」

「ああ、ほらを吹きすぎたのさ」

「よろしい。白状《はくじょう》するのなら、許《ゆる》してあげる」とロバートが言った。「でもさ、ときどき、数の悪魔じゃなくって、数の法王《ほうおう》みたいなしゃべり方になるんだから」

「もっと単純な連中《れんちゅう》は、巨大コンピューターで研究してるんだ。何か月も計算するもんだから、コンピューターが過熱《かねつ》して、煙《けむり》を出してしまう。2の倍数、それから3の倍数、それから5の倍数なんかは消してもいいと教えたが、そういうトリックなんぞ、イロハのイみたいなもんだからな。まずいトリックではないが。しかし、数が大きくなると、えんえんと計算することになるだろう。これまで頭のいい方法をいろいろ考えてきたんだが、どんなに抜け目なく考えたとしても、素数が問題になると、いつもお手上げじゃ。まさに素数というのは悪魔のようじゃ。もっとも、悪魔みたいなものが、おもしろいわけだが。わかるかね」

そう言いながら、数の悪魔はステッキをたのしそうにふりまわしていた。

「ふーん。でも、そんなに頭を悩まして、なにかいいことあるの？」

「あほな質問はやめろ。頭を悩ますことがすごいことなんだ。授業中にパンをかじるボッケル先生みたいに、不機嫌《ふきげん》な顔をして、数の国をウロウロするのが、そんなにおもしろいか。いいか、ありがたく聞け。ひとつ秘密を教えてやろう。たとえばな、1より大きな数を考えるんだ。どんな数でもいい。それを2倍にしてごらん」

「222」とロバートが言った。「だから、444」

「その222と、それを2倍した444のあいだには、かならず絶対に、すくなくとも素数が1つは、ある」

「ほんとうに？」

「307だ」。老人が言った。「だが、これは、どんなに大きな数になっても、そうなんじゃよ」

「どうしてわかるの？」

「おや、ちょっとまずいことになってきたぞ」。そう言いながら老人は伸びをして、先へ急いだ。

「好きな偶数を考えてごらん。どんな数でもいい。ただし、2よりは大きなやつをな。すると、それは、2つの素数をたしたものなんじゃ」

「48」とロバートがさけんだ。

「31プラス17だ」。あまり長く考えるふうもなく老人が言った。

「34」とロバートがさけんだ。

「29プラス5だ」。老人はパイプを口から離しもせずに答えた。

「いつも、そうなの？」ロバートはおどろいた。「どうして。なぜ、そうなの？」

「ああ」。老人は額にしわを寄せ、パイプの煙《けむり》をふうっと吹いて、煙の輪を目で追った。「わたしだって、知りたい。知り合いの悪魔は、ほとんど全員、秘密を突きとめようとしてきた。たしかにいつも計算はあう。例外なしに。だが、なぜかはわからない。だれもまだ証明できない」

なんてこった。ロバートは笑いをおさえることができなかった。

「ほんと、すごいね」と言った。

ロバートは、数の悪魔がこんな話をしてくれたのが気にいった。これまでだったらいつも、ロバートが立ち往生《おうじょう》すると、ちょっと怒ったような顔をしていたけれど、いまはパイプを口にくわえて、いっしょに笑っている。

「ロバート、おまえは、見かけよりは賢いんだな。残念だが、もう帰らなきゃならん。今夜はこれから数学者を2、3人、訪問《ほうもん》することになっておる。連中をちょっとばかりいじめるのも、たのしいもんじゃ」

そう言うと、もう、悪魔の体がどんどん細くなっていった。いや、細くなったというよりは、どんどん透明《とうめい》になっていった。そして洞穴から姿《すがた》を消した。小さな煙の輪がただよっているだけだった。ロバートの目の前には、壁にこすって書かれた数が浮かんでいる。そして洞穴が、柔らかくて暖かい毛布《もうふ》のように思えた。ロバートは、不思議な素数のことを思い出そうとしたが、頭のなかは、どんどん白い雲のようになっていった。まっ白な真綿《まわた》の山脈《さんみゃく》のようになった。

これまでこんなによく眠ったことはなかった。

さて、きみは？　まだ居眠《いねむ》りしてないんだったら、最後にもうひとつトリックを教えてあげよう。偶数だけじゃなくって、奇数《きすう》にもトリックがあるんだよ。好きな数をひとつ考えてみよう。ただし5より大きい数をだ。たとえば、55でもいいし、27でもかまわない。

その数も、素数だけでつくることができるんだ。ただし2つの素数じゃなくて、3つの素数でだけどね。55を例にすると、こうなる。

$$55 = 5 + 19 + 31$$

27でやってみてごらん。絶対にいつも、できるんだ。なぜそうなるのか、説明することはできないけれど。

第4夜

わけのわからない数と大根

「いったい、どこに連れてくの。このまえは、出口のない洞穴だった。そのまえは、1ばっかり生えている森だった。安楽椅子みたいに大きなキノコもあったけど。で、きょうは？　ここ、いったいどこなの？」

「海だ。見りゃ、わかるだろ」

ロバートはまわりを見わたした。

見晴《みは》らすかぎりひろがる白い砂浜。寄せては返す波。浜辺《はまべ》には、裏返しになったボートの上に数の悪魔がすわっている。ほかにはだれもいないらしい。

「ところで、また電卓、忘れてきたのかね」

「だってさ、何回言えばいいの。ベッドに入るとき、全部もってくわけにはいかないよ。それにさ、どんな夢を見るのか、寝るまえにわかっちゃうわけ？」

「もちろん、わからん」。老人は答えた。「だが、わたしの夢を見るんなら、いっしょに電卓の夢も見たってよいではないか。あーあ、また魔法《まほう》で呼び出すのか。用意するのは、いつもこのわたし。おまけに、文句まで言われる。この計算機、柔らかすぎるよ、とか。緑がどぎつい、とか。べとべとしすぎだ、とか」

「でも、ないよりましだ、とか」と、ロバートが言った。

数の悪魔が杖《つえ》をもちあげると、ロバートの目の前に新しい計算機があらわれた。まえのとちがって、カエルみたいじゃなかったが、そのかわりバカでかい計算機だった。ベッドとかソファほどの大きさで、革のようなフリースを張った家具みたい。側面《そくめん》についている小さなボードの上には、革のキーがいっぱい並んでいる。そして、この奇妙《きみょう》な装置《そうち》で背もたれの部分がそのまま、ディスプレイ用の窓になっていて、数字があらわれて輝《かがや》くのだ。

「さて、1わる3と打つんだ」。老人が命令した。

1÷3

声を出しながら、ロバートはキーを押した。はてしなく長い窓には、答がうす緑色の数字で浮かびあがってきた。

0.33333333333333333333

「これ、終わらないの？」

「ああ」。数の悪魔が言った。「終わるのは、計算機がダウンしたとき」

「そうなると、どうなるの？」

「そうなっても、数字はつづく。読めなくなるだけ」

「でも、ずうっとおんなじ3ばっかり、つづくんだよね。どこまでもすべり落ちてくみたいに」

「ああ、そうだ」

「やだ、やだ」。ロバートがつぶやいた。「バカバカしすぎるよ。ぼくだったら、3分の1って書いちゃうけど。ほら」

$$\frac{1}{3}$$

「こうやって書けば、すっきりするよ」

「たしかに」。老人が言った。「でも、そうなると分数《ぶんすう》の計算だ。おまえ、分数の計算、きらいじゃなかったのか。『33 人のパン屋の$1/3$が $2\,1/2$ 時間で89個のパンを焼くとします。では、$5\,3/4$ 人のパン屋は$1\,1/2$ 時間で、何個のパンを焼くでしょうか？』」

「ごめんだよ、そんなの。ボッケル先生みたいじゃないか。計算機使って、小数《しょうすう》の計算するほうがましだよ。たとえ終わらなくてもさ。ところでこんなにたくさんの3、どうやって出てくるの？」

「それはな、小数点のつぎの最初の 3 は、10 分の 3 だろ。それから、2 番目の 3 は、100 分の 3 だ。3 番目の 3 は、1000分の 3 という具合《ぐあい》になっておる。それをたせばいい」

0.3
0.03
0.003
0.0003
0.00003
...

「わかったかね。じゃ、こんどは、全部を3 倍してごらん。最初の3 、つまり10 分の3 を、それから100 分の3 を、という具合に」
「簡単だよ。暗算でもできちゃう」

$$0.3 \times 3 = 0.9$$
$$0.03 \times 3 = 0.09$$
$$0.003 \times 3 = 0.009$$
$$0.0003 \times 3 = 0.0009$$

「ほら、ね」
「よろしい。では、こんどは、そこに並んでいる9を全部たすと、どうなるかね」
「待って。0.9たす0.09たす0.009は、0.999だ。9ばっかりだ。これも、ずうっとつづいていくみたい」
「もちろん。ただし、よく考えてみると、なんかおかしくないかね。3分の1を3つたせば、1になるはずだろ。3分の1かける3は、ちゃんとした1だからな。だれも文句はいえない。うん？」
「わかんない」。ロバートは言った。「なんかおかしいよ。0.999は、ほとんど1なんだけどさ、ちゃんとした1じゃない」
「そう。だから、どこまでいっても、9をやめるわけにはいかない」
「できれば、やめたいけど」
「数の悪魔が相手にするほどの問題じゃない」
意地悪く笑いながら、老人がステッキをふりあげ、くるくるとまわすと、たちまちあたり一面、9がヘビのように長く、長くつながって、空に舞《ま》いあがっていくのだった。

「やめて」。ロバートがさけんだ。「気持ち悪くなっちゃうよ」

「わたしが指をパチンと鳴《な》らせば、消えるんだぞ。だが、そのまえに認めてもらおうか。0の後ろにヘビみたいに行列《ぎょうれつ》している9は、どんどん増《ふ》えていくと、1とまったくおんなじだ、と」

そう言っているあいだにも、行列はどんどん長くなっていった。空がだんだん暗くなってきた。ロバートは目がくらみそうだったが、どうしても認めようとはしなかった。

「絶対そうじゃないよ。9の行列がどんなに長くなったってさ、たりないものがある。最後の9がね」

「最後の9なんて、ないんじゃ」。数の悪魔がさけんだ。だがロバートは、老人がかんしゃくをおこしはじめても、もう怖がったりはしなかった。それは、おもしろい話のはじまりの合図《あいず》だったからだ。簡単には解《と》けそうもない問題がはじまる合図なのだ。

だが、はてしなく長い行列は、おそろしい勢《いきお》いでロバートの鼻先をかすめ、数の悪魔をぐるぐる巻きにしたので、数の悪魔の姿が見えなくなってしまった。

「いいよ」。ロバートが言った。「降参《こうさん》するよ。ただし、この9の行列を首からはずしてくれたらね」

「よし、いいだろう」

ステッキには9がびっしりとからまっていたので、老人はやっとの思いでステッキをもちあげ、わけのわからない呪文《じゅもん》をブツブツとなえた。すると、からまっていた9の行列はすっかり消えた。

老人がステッキをふりあげ、くるくるとまわすと、たちまちあたり一面、
9がヘビのように長く、長くつながって、空に舞いあがっていくのだった。

「ふうーっ」とロバートはため息をついた。「3と9のときだけこうなるの？　ほかの数でも恐ろしい行列ができるわけ？」

「はてしない行列は、砂浜の砂みたいに、うんとある。0.0と1.0のあいだだけでも、どれくらいの数があるか、考えてごらん」。ロバートはじっと考えた。

「はてしなくたくさんあるよ。恐ろしいくらい、たくさん。1と無限のあいだにあるのとおなじくらい」

「うん、そうだ。いいぞ」。数の悪魔は言った。「だが、証明できるかね？」

「もちろん」

「では、聞かせてもらおうか」

「まず0を書いて、それから小数点を打つ」。ロバートが言った。「小数点の後ろに1を書く。つまり、0.1となる。それから2を書く。こんな具合にしていくと、この世にあるすべての数が小数点の後ろに並ぶことになるでしょ。それも、0.2にたどり着くまえに」

「すべての数が、だな」

「もちろん。すべての数が、だよ。1からうんざりするほど先の数までのあいだにある、どの数にたいしても、前には0と小数点がついてるから、どの数も1より小さいわけでしょ」

「すごい、ロバート。大したもんじゃ」

老人はすっかり満足《まんぞく》しているようだった。けれどもそれで終わりにするわけにはいかないので、また新しいことを思いついた。

「小数点の後ろの数にはな、なかなか奇妙なものがある。

教えてやろうか？」

「うん。でも、この浜を行列だらけにして、気持ち悪くさせないでよ」

「だいじょうぶ。大きな計算機も手伝ってくれる。おまえは、キーを押すだけでいい。7わる11」

ロバートは、すぐにキーを押した。

7÷11=0.636363636363636…

「なんだ、これ」。ロバートはさけんだ。「63ばっかりだ。63のあとは63、そしてまた63。ずうっとそうなんじゃないかな」

「そうだ。だが、これだけじゃない。こんどは、6わる7でやってごらん」

ロバートはキーを押した。

6÷7=0.857142857142857…

「しばらくすると、おなじ数が出てくるよ」とさけんだ。「857 142のあとで、また857 142だ。ぐるぐるまわってる」

「うん、まあな。これだけ見ても、数というのは、すっごいもんだ。ところで、じつは、普通とはちがう数があるのを知ってるかい。数にはそれぞれちがった顔と、ちがった秘密がある。その策略《さくりゃく》を見破るのは、そう簡単じゃない。たとえば、0と小数点の後ろに長くつづく9の行列は、絶対に終わることがないんじゃが、普通の1とおなじ大きさだ。ほかにも、まだまだたくさんある。もっとがんこで、小数点の後ろで気でも狂《くる》ったようになる数だがね。ルールを守らず、わけのわからんことをする数だから、無理数《むりすう》というんだ。もうちょっと時間とやる気があるんなら、教えてあげるよ」

こんなふうに数の悪魔が、怪しくていねいなものの言い方をしたときは、きっと、なにか恐ろしいことを考えてるんだ。ロバートにはそれがわかるようになっていた。けれども、どうしても知りたかった。

「うん、いいよ」

「ホップする、ってのをおぼえてるかね。10とか2でやったやつだ。10かける10かける10は1000だが、こうやれば、もっと速く書ける」

$$10^3 = 1000$$

「2でもおなじだ」

「うん。2をホップさせれば、こうなるよ」

$$2, 4, 8, 16, 32$$

「いつものように、どんどん先までつづいてく」

「じゃ、2の4乗は？」

「16」とロバートがさけんだ。「そうでしょ」

「ああ。で、こんどは、それを逆にやってみよう。いわば、後ろにホップするわけじゃ。16で、後ろにホップす

れば？」

「8」

「じゃ、8では？」

「4」とロバートが言った。「簡単、簡単」

「じゃ、このトリックの名前、ぜひおぼえておこう。『後ろにホップする』じゃなくて、『大根《だいこん》を抜《ぬ》く』っていうんだ。ほら、地面から根を引っこ抜くみたいに」

「さてそうすると、100の大根は10で、10000の大根は100。では、25の大根は？」

「25というのは」とロバートが言った。「5かける5だ。だったら5が、25の大根だよ」

「その調子《ちょうし》だ、ロバート。わが弟子《でし》も、いつの日か、一人前の魔法使いになれるぞ。4の大根は？」

「4の大根は、2だ」

「5929の大根は？」

「冗談《じょうだん》でしょ」。ロバートがさけんだ。こんどは、どうしていいか、わからなかったのだ。「どうやって計算すればいいの。計算なんてバカがするもんだ、って言ってたじゃないか。こういう計算、うんざりするほど学校でやらされてるんだ。夢でまでこんなことさせないでよ」

「まあ、落ち着け」。数の悪魔が言った。「こういうつまらん問題のために、計算機というものがある」

「そうだ、計算機がある」。ロバートが言った。「ソファみたいにバカでかいけどさ」

「そこに、こんな記号のついたキーがあるだろう」

$$\sqrt{}$$

「どんな意味か、すぐにわかるだろ」
「大根だ」。ロバートがさけんだ。
「そうだ。じゃ、これ、やってごらん」

$$\sqrt{5929} =$$

ロバートがキーを押すと、すぐに答がソファの背もたれに浮かびあがった。

$$77$$

「よし。こんどは、これだ。$\sqrt{2}$ を押してごらん。まちがえるなよ」
ロバートはキーを押して、数字を読んでいった。

$$1.4142\ 1356237309504880\ 1688724\cdots$$

「ギョッ。わけわかんないよ。まったくもって、メチャクチャじゃないか。見当つかなくなっちゃった」
「だれにもわからんのだよ、ロバート。ほらな、2の大根は、わけのわからん無理数なんだ」
「最後の3つの数の先がどうなるのか、どうやったらわかるの。ずうっとつづく、ってのはわかるけど」

「そうだな。残念ながら、わたしにも手伝えん。先の数は、おまえが死ぬほど計算して、はじめてわかるだろう。計算機もストライキするだろうが」

「とんでもない」。ロバートが言った。「狂ってるよ、まったく。それなのにさ、この怪物《かいぶつ》、こういうふうに書くと、すごくすっきりする」

$$\sqrt{2}$$

「たしかにね。$\sqrt{2}$ なら、ステッキでも砂に簡単に書ける」

悪魔はステッキで、砂にいくつか図形《ずけい》を書いた。

「ほら」

「さて、こんどは、小さなます目をかぞえるんだ。なにか気がついた？」

「もちろんさ。ホップした数ばっかりだよ」

$$1 \times 1 = 1^2 = 1$$
$$2 \times 2 = 2^2 = 4$$
$$3 \times 3 = 3^2 = 9$$
$$4 \times 4 = 4^2 = 16$$

「よし」。数の悪魔が言った。「どうなってるかも、わかるんだな。正方形の1辺《ぺん》にます目が何個あるかかぞえるだけで、ホップされる数がわかる。逆も言えるぞ。正方形にます目が何個あるか、わかれば、そうだな、たとえば36個あるとしようか、その大根をもとめれば、1辺にます目が何個あるか、わかる」

$$\sqrt{1} = 1, \sqrt{4} = 2, \sqrt{9} = 3, \sqrt{16} = 4$$

「うん、わかった。でもさ、これって、わけのわかんない無理数とどんな関係があるの？」

「ふうむ。正方形というのはな、奥《おく》が深いものなんだ。正方形を信用するな。見かけは、きちんとしていて行儀がよさそうだが、なかなか油断《ゆだん》のならん相手だ。たとえば、ほら、これを見るがいい」

悪魔は、ごく普通の、からっぽの正方形を、砂に書きつけた。そしてポケットから赤い定規《じょうぎ》をとりだして、正方形のなかに斜めに置いた。

「さて、各辺の長さを1とすると……」

「1って、なに？　1センチなの、それとも1メートルなの、それとも……」

「なんだってかまわんさ」。数の悪魔がいらいらしながら言った。「自分で決めればいい。1クィンだろうが、1クァンだろうが、どうでもいい。で、さて質問だが、赤い定規の長さはいくらかな？」

「どうやったらわかるのさ？」

「2の大根だ」。老人は勝ちほこったように言った。悪魔のように意地悪な笑いを浮かべて。

「どうしてそうなるの？」。またもや不意を突かれた気分だった。

「そうプリプリするな」。数の悪魔が言った。「すぐにわかるから。もうひとつ正方形をのっけるだけでいい。ほら、こんな具合に斜めに」。悪魔は赤い定規をあと5本とりだして、砂の上に置いた。そこで図形は、こんなふうに見えた。

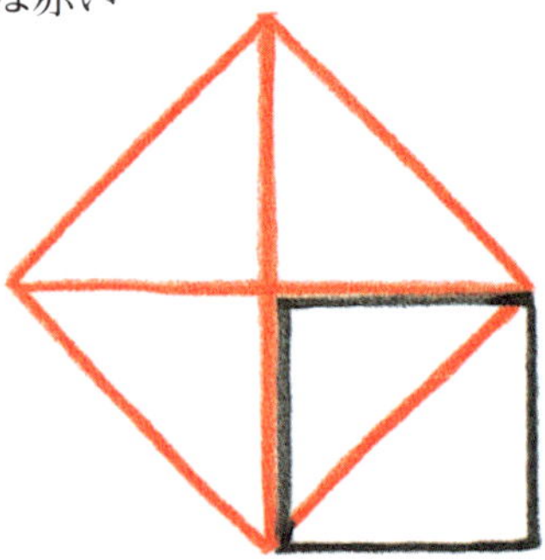

「さて、斜めになってる、赤い正方形の大きさは？」

「わかんない」

「黒い正方形の、ちょうど2倍だ。黒い正方形を2つに分けて、その右下を赤い正方形の左上にはめてみればいい。どうだ。わかるだろうが」

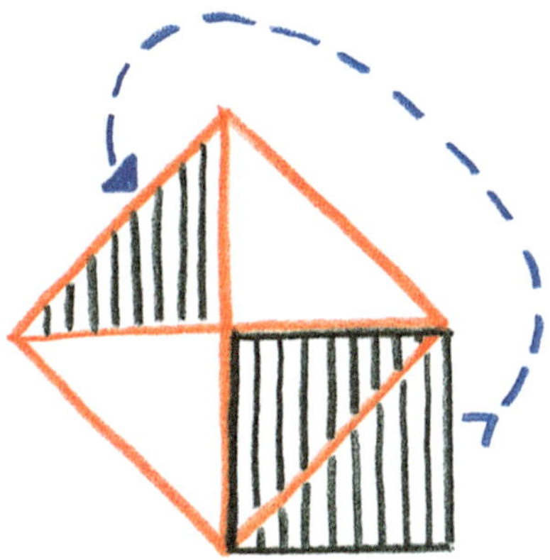

小さいとき、いつもやってたゲームみたいだな。ロバートは思った。内側が赤か黒に塗《ぬ》られている紙を折《お》りたたむ。天国《てんごく》と地獄《じごく》っていうゲームで、紙をひらいて赤が出ると、地獄に堕《お》っこっちゃう。

「赤い正方形が黒い正方形の2倍だって、認めるかね」

「うん」

「黒い正方形の大きさが 1×1だとすれば、まえに決めたように1^2と書ける。では、赤い正方形の大きさはどうなる？」

「その2倍」とロバートが言った。

「つまり2だ」。数の悪魔が言った。「では、赤い正方形の各辺の長さは？　それには、後ろにホップする必要がある。大根を抜くんだ」

「ああ、そうか」。目からウロコが落ちたみたいだった。

「大根なんだ」とさけんだ。「2の大根だ」

「どうだ、また、あの頭のいかれちまった、わけのわからん無理数のところにもどってしまった。1.414 213……」

「もう、やめて」。ロバートが急いで言った。「頭おかしくなっちゃいそうだ」

「どんなことも、悪いことばかりじゃないぞ」。老人がなぐさめた。「数の計算をしなくていいんだから。砂に書くだけ。ほら、そうやって。ただし、このわけのわからん無理数、あまり出てこないなんて、勘違《かんちが》いするな。砂浜の砂のように、いっぱいある。それどころか無理数の数は、ほかの数より、じつは、うんとたくさんある」

「普通の数だけでも、はてしなくたくさんある、って思ってたのに。悪魔だって、そう言ってたじゃないか。ずうっとそう言ってたくせに」

「ああ、たしかに。誓《ちか》ってそう言った。だがな、無理数については、もっともっとある」

「もっと、もっと？　はてしなくたくさんよりも、もっと？」

「そうだ」

「そんな話、ついていけないや」。ロバートはきっぱりと言った。「ぼく、信じないからね。はてしなくたくさんよりも、もっと、なんて考えられないよ。めちゃくちゃもいいとこだ」

「証明してみせようか。ひとつ魔法で呼び出してみるか。わけのわからん無理数を、一度に全部」

「きょうは、もういいよ。くたくたになっちゃった」。そう言ってロバートは、革のようなフリースを張ったソファみたいな計算機の上で横になった。

「いいよ、そんなの。9の行列でこりごりしたから。それにさ、魔法で呼び出すってのは、証明とはまるっきりちがうことじゃないか」

「おお、まったく、お説《せつ》ごもっとも」

こんどは、かんしゃくを起こさないみたいだ。数の悪魔はひたいにしわを寄せ、じっと考えていた。

「しかしだな」。老人はようやく口をひらいた。「証明ができるかもしれん。ひとつ、やってみせようか。どうしても、って言うのなら」

「いいよ。きょうは、もういいよ。くたくたになっちゃった。ともかく、ぐっすり眠らなきゃ。でないと、あした、学校でやっかいなことになる。よかったら、ここで横にならせてよ。これ、なかなか寝ごこち、よさそうだな」

そう言ってロバートは、革のようなフリースを張ったソファみたいな計算機の上で横になった。

「ま、いいか。どっちみち、おまえは眠ってるんだから。寝ているときが、一番勉強できるんだし」

今夜は数の悪魔は静かにつま先で歩いて帰った。ロバートを起こしたくなかったからだ。もしかしたら、あの悪魔、そんなに悪人じゃないかもしれないな。ロバートは思った。それどころか、じつは、なかなかいいやつだったりして。

そうしてロバートは、だれにも邪魔《じゃま》されず、夢も見ないで、お昼前までぐっすり眠った。すっかり忘れていたのだが、その日は土曜日で、学校は休みだった。

第5夜

ヤシの実で三角形をつくる

突然、姿を消してしまったのか。数の国からの訪問者《ほうもんしゃ》は、待《ま》てど暮《くら》せど、あらわれない。夜になるとロバートは、いつものようにベッドに横になり、たいてい夢を見るのだが、ソファのように大きな電卓やホップする数は出てこない。出てくるのは、つまずいて、深くて黒い穴に落っこちる夢とか、古いトランクがぎっしりつめこまれたガラクタ部屋の夢ばかり。トランクからは、実物より大きなアリがはいだしてきて、部屋のドアには錠《じょう》がおりていて、外には出られない。アリがロバートの脚《あし》までのぼってきた。またあるときは、急流を渡ろうとしたが、どこにも橋がない。石から石へと跳《と》んでいくしかない。これで向こう岸に着くだろうと思った瞬間《しゅんかん》、また川のまんなかの石の上にいて、進むことも引き返すこともできないのだ。悪夢ばかりで、どこを探しても数の悪魔は姿を見せない。

夢じゃなきゃ、考えたいこと選べるんだけどな。ロバートはくさった。夢のときだけは、どんなことでも我慢するしかないんだ。でも、どうして？

「ねえ」。ある日の夜、ロバートはお母さんに言った。「決心したんだ。きょうから絶対、もう夢なんか見ないからね」

「そりゃ、いいわね」。お母さんが言った。「よく眠れなかったときは、いつもつぎの日、学校でぼんやりしちゃうでしょ。ひどい成績《せいせき》もって帰ってくるからね」

ロバートが夢で悩んでいる問題は、もちろんそんなことではなかった。けれどもお母さんには「おやすみなさい」と言っただけだった。ロバートにはわかっていた。なんでも母親に説明できるわけではない。

だが眠りこむやいなや、また夢がはじまった。ひろい砂《さ》漠《ばく》を歩いている。影ひとつなければ、水もない。水泳パンツをはいているだけで、ロバートは歩きつづけた。のどが渇《かわ》き、汗をかき、足にはもうマメができてしまっていた。そうやって歩いていると、ようやく、むこうのほうに2、3本の木が見えた。

蜃気楼《しんきろう》にちがいない。ロバートは思った。いや、それともオアシスかな。

足をひきずりながら、ようやく最初のヤシの木のところにたどり着いた。そのとき声がした。聞きおぼえのある声だ。

「やあ、ロバート！」

見あげると、なんと、ヤシの木の上で数の悪魔がヤシの葉っぱといっしょに揺れているではないか。

「のど渇いてるんだ、めちゃめちゃ」。ロバートはさけんだ。

「あがっておいで」。老人が言った。

最後の力をふりしぼって、ロバートはなつかしい友だちのところまで、よじのぼっていった。老人はヤシの実を手にとって、ポケットナイフをとりだし、殻《から》に穴をあけた。

ヤシの実のジュースはじつにおいしかった。

足をひきずりながら、ようやく最初のヤシの木のところにたどり着いた。そのとき声がした。「やあ、ロバート！」見あげると、なんと、ヤシの木の上で数の悪魔がヤシの葉っぱといっしょに揺れているではないか。

「お久しぶり」。ロバートが言った。「いったい、どこにいたの？」

「見りゃ、わかるだろうが。バカンスだよ」

「で、きょうは、なんの勉強するの？」

「でも、砂漠を歩いてきてクタクタなんだろ」

「そんなでもないよ」とロバートが言った。「すぐに元気になるよ。それとも、どうかしたの。なんにも思いつかないの？」

「そんなことはない。いつでも、なにかは思いつく」。老人は答えた。

「数でしょ。いつも数なんだ」

「ほかになにがある？ 数ほどワクワクするものはないだろう。ほら、これをもって」

からっぽになったヤシの実を、悪魔はロバートに押しつけた。

「投げるんだ。下に」

「えっ、どこに？」

「下に投げればいい」

ロバートはヤシの実を砂の上に投げた。上から見ると、小さな点にしか見えなかった。

「もう１つ。それからもう１つ。それからもう１つ、投げるんだ」。数の悪魔が言った。

「それで、どうするの？」

「いまにわかる」

ロバートはヤシの実を３個もいで、下に投げた。ヤシの実は砂の上で、こんなふうに見えた。

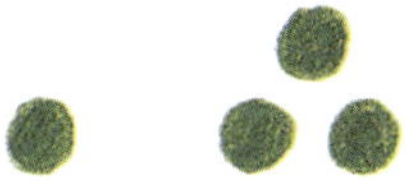

「もっと投げろ」。老人がさけんだ。
ロバートは投げた。投げた。投げた。
「さて、なんに見えるかな？」
「三角形ばっかりだ」

「どれ、わたしも手伝おうか」と数の悪魔が言った。
こうしてふたりで、もいでは投げ、もいでは投げているうちに、地面は、こんなふうに三角形だらけになった。

「変だな。どうしてヤシの実、あんなに行儀よく落っこちるの？」ロバートはおどろいた。「ぜんぜんねらったわけじゃないのにさ。もしも、ねらったとしても、あんなにうまくは投げられないよ」

「ああ」。老人はほほえんだ。「こんなにうまくねらえるのは、夢だからさ。夢と、それから数学のときだけ。普通のときは、こううまくはいかん。けど数学のときは、なんでもうまくいく。ヤシの実がなくったって、ちゃんとできただろう。テニスボールでも、ボタンでも、ほら、チョコレート・ボールでも、うまくいっただろう。さてと、下の三角形は何個のヤシの実でできているか、かぞえてごらん」

「最初の三角形は、でも、三角形じゃない。点だよ」

「いや、三角形とも言える」。数の悪魔が言った。「どんどん縮んで、あんなに小さくなって、点にしか見えないだけじゃ。どうかね」

「いいよ、じゃ、ともかく1個だよね。2番目の三角形は3個。3番目は6個。4番目は10個。5番目は、えええっと、まずかぞえなきゃ」

「その必要はない。考えてはどうかね」

「考えられないよ」。ロバートが言った。

「考えられるさ」。数の悪魔が言い張った。「まずは1番目の三角形は、まともな三角形じゃないが、1個でできている。2番目の三角形は、ヤシの実がそれより2個多い。下にある2個だ。すると、こうなる」

$$1+2=3$$

「3番目の三角形は、ちょうど3個多くなってる。下にある3個だ。つまり」

$$3+3=6$$

「4番目の三角形は、下の列の4個分、多くなってる。つまり」

$$6+4=10$$

「では、5番目の三角形にはヤシの実が何個あるか？」

ロバートはちゃんとわかるようになっていた。彼はさけんだ。

$$10+5=15$$

「もうヤシの実、投げなくてもいいよ。どうやればいいか、わかった。6番目の三角形は、ヤシの実が21個でしょ。5番目の三角形が15個で、それにプラス6だから、21個」

「よおし」。数の悪魔が言った。「では下におりて、休憩《きゅうけい》だ」

おりるのは、びっくりするくらい簡単だった。下に着くと、ロバートは目を疑った。青と白のストライプのデッキチェアが2つ並んでいて、泉がぴちゃぴちゃ音をたて、大きなプールのそばにある小さなテーブルの上には、氷で冷たくしたオレンジジュースのグラスが2つ置いてあった。そうか、だから、このオアシスに来たんだな。ロバートは思った。ここなら夢のようなバカンスがたのしめるぞ。

ふたりでオレンジジュースを飲んでしまってから、老人が言った。

「では、ヤシの実のことは忘れよう。問題は数。これはな、なかなか特別の数でな。おまえが思ってるより、たくさんある」

「だと思ってたよ。いつだって、うんざりするほど遠くまで、だからね」

「ああ、だがな」。老人が言った。「さしあたり、最初の10個で間に合うぞ。待て、ちょっと書いてやろう」

悪魔はデッキチェアから立ちあがって、ステッキをもち、プールにかがむようにして、水の上に数を書きはじめた。

1 3 6 10 15 21 28 36 45 55 . . .

悪魔って、怖いもの知らずなんだな。ロバートはひそかに思った。空にだって、砂にだって、数字を書いて、いっぱいにしちゃう。水にだって平気で書いちゃうんだから。

「この＜三角形の数＞でいろんなことができるんだぞ。おまえは、信じないだろうが」。数の悪魔がロバートの耳もとでささやいた。「そうだな、たとえば、ちょっと差を考えてごらん」

「差って、なんの？」ロバートがたずねた。

「となりあってる2つの＜三角形の数＞の、差だ」

ロバートは、水に浮かんでいる数をじっと見つめて、考えた。

1 3 6 10 15 21 28 36 45 55 . . .

「3ひく1は2。6ひく3は3。10ひく6は4。あれっ、1から10までの数が全部、順番《じゅんばん》に出てくるよ。すっごい。だったら、ずうっとこの調子で出てくるんでしょょ」

「そうだ」。数の悪魔は、満足そうにデッキチェアに背中《せなか》をもたせかけた。「しかも、それだけじゃない。こんどは、好きな数を言ってごらん。3個以下の＜三角形の数＞を使って、おまえの好きな数を書いてやろう」

「じゃ、51」

「簡単だね。2個でできる。ほら」

$$51 = 15 + 36$$

「83」

「よし」

$$83 = 10 + 28 + 45$$

「12」

「朝飯前《あさめしまえ》じゃ」

$$12 = 1 + 1 + 10$$

「こうやって、どんな数でもできるんだ。さて、ロバート、こんどは、すごいことを教えてやろう。となりあっている2つの＜三角形の数＞をたす。すると、びっくり仰天《ぎょうてん》、すごいことがわかるぞ」

ロバートは、水に浮かぶ数をこれまで以上にじっと見つめた。

1 3 6 10 15 21 28 36 45 55 . . .

2つずつ、たしていった。

$$1+3=4$$
$$3+6=9$$
$$6+10=16$$
$$10+15=25$$

「ホップした数ばっかりだよ。2^2、3^2、4^2、5^2」

「うん、よくできた」と老人が言った。「そうやっていつまでも計算ができる」

「しなくたっていいよ。それより、泳ぎたい」

「だが、そのまえに、よければ、もうひとつ数のサーカスを見せたいんだが」

「暑《あつ》くなっちゃったよ」。ロバートがぶつぶつ言った。

「そうか。無理もない。では、わたしは帰ってもいいのかね」

あら、また気分悪くしちゃったみたい。このまま帰しちゃうと、赤いアリかなんかの夢を見ることになるかもしれないな。というわけで、ロバートはこう言った。

「いや、帰らないで」

「まだ勉強したいのか？」

「うん、もちろん」

「では、よいか、よく聞け。1から12まで普通の数を全部たすと、答はどうなる？」

「ふうっ」。ロバートはため息をついた。「退屈な問題だなあ。悪魔には似《に》合《あ》わないよ。ボッケル先生なら出しそうだけどさ」

「心配するな。＜三角形の数＞を使うと、じつに簡単なんじゃ。12番目の＜三角形の数＞をさがしてごらん。それが1から12までの合計なんだぞ」

ロバートは水の上の数字をかぞえていった。

「78でしょ」

「そうだ」

「でも、どうして？」

数の悪魔はステッキの先で、水に書いた。

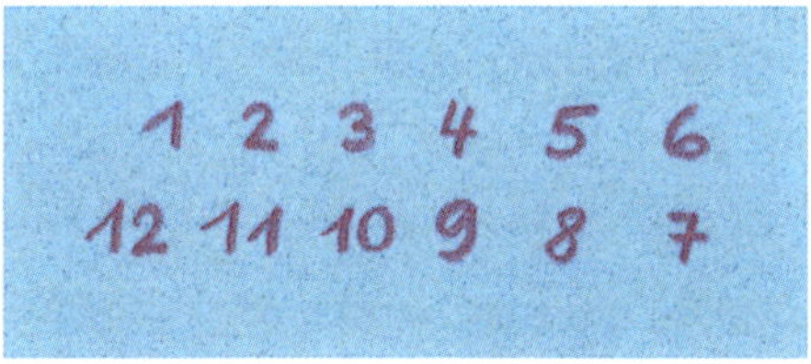

「1から12までの数をな、2列に書いてごらん。1列目の

6個は左から右へ。２列目の6個は右から左へ。すると、わかるだろう」

「これから、
それに線をひく」

「そして、
それをたす」

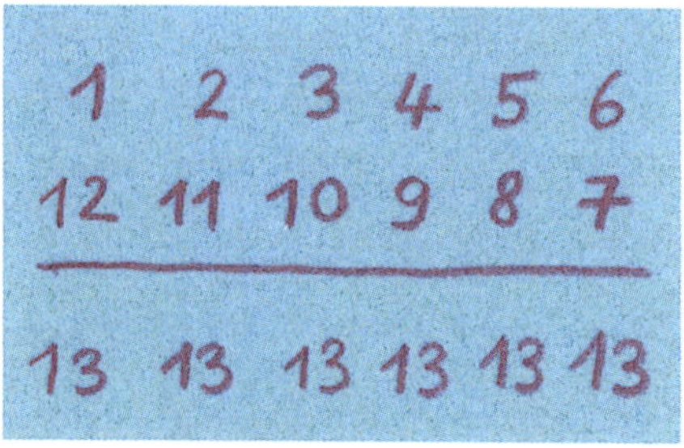

「これを合計すると？」
「13かける6」
「ほら、電卓がなくたってだいじょうぶだろ」
「13かける6は」と、ロバートが言った。「78。12番目の＜三角形の数＞だ。ぴったりだ！」
「わかったか。＜三角形の数＞はいろんな役に立つ。ところでな、＜四角形の数＞というのも捨《す》てたもんじゃないんだが」
「あれ、やっと泳げると思ったのに」
「泳ぐのはあとでもできる。まず、＜四角形の数＞だ」
ロバートはうらめしそうな顔をして、プールを見つめた。プールでは＜三角形の数＞が整列《せいれつ》して浮かんでいる。母親のアヒルのあとについている子どものアヒルみたいに。
「まだ勉強するんだったら」と、ロバートは脅迫《きょうはく》した。「起きちゃうからね。すると数だって、みんな消えちゃうんだから」
「だが、プールだって消えちゃうぞ」。老人が言った。「おまけに、よくわかってるはずだが、人間は、好きなときに夢からさめられんのだ。しかも、ここではどっちがえらいのかね。おまえか、それともわたしか？」

ああ、またかんしゃくがはじまっちゃった。ロバートは思った。もしかしたら、また怒鳴《どな》りだすかもしれないぞ。でも、夢のなかだけのことさ。もう、ぼく、夢のなかでだって、怒鳴られたりしないからな。あっ、ちくしょう、またなにか思いついたみたいだ。

老人は容器《ようき》から角氷《かくごおり》をとりだして、テーブルに並べた。

「なかなかいいだろう」。悪魔はロバートをなぐさめた。「さっきヤシの実でやったことを、氷でやるんだ。こんどは三角形ではなく、四角形だが」

「お願いだから、説明なんかしないで。これって、どんなバカにでもわかるからさ。ようするに、ホップした数なんでしょ。四角形の１辺に氷が何個あるかかぞえて、その数をホップさせる」

$$1 \times 1 = 1^2 = 1$$
$$2 \times 2 = 2^2 = 4$$
$$3 \times 3 = 3^2 = 9$$
$$4 \times 4 = 4^2 = 16$$
$$5 \times 5 = 5^2 = 25$$

「ほらね、例によって、どこまでも」

「よろしい」。数の悪魔が言った。「うまいぞ。おまえ、悪魔みたいだ。魔法使いの一番弟子だ。その調子、その調子」

「でも、ぼく、泳ぎたいんだよ」。ロバートは口をとがらせた。

あんまり暑くないのなら、氷が溶けるまで、もうちょっと氷で遊べるんだよ。ほら、こんな具合に正方形のなかに何本か線をひくんだ。

でさ、下に数字を書いてごらん。
正方形のなかに書きこんだ線でできたコーナーには、それぞれ、その数だけの氷があるだろう。1 から 9 までたすと、どうなるかな。見おぼえのある数が出てくるはずだ。

「どうかね、＜五角形の数＞がどんなものか、まだ知りたいかね。＜六角形の数＞はどうかね」

「もういいったら。ほんとに」

ロバートは立ちあがり、水のなかに飛びこんだ。

「おい、待て」。数の悪魔がさけんだ。「プールは数だらけなんだ。ちょっと待て、数をくみだしてやるから」

だがロバートはもう泳いでいた。そのまわりで数が波に揺れていた。＜三角形の数＞ばかりだ。ロバートは泳ぎつづけた。老人のさけんでいる声が聞こえなくなるところまで、どんどん泳いでいった。はてしなく大きなプールだった。数のようにはてしなく、そして数のようにすばらしいプールだった。

第6夜

にぎやかなウサギ時計

「わたしひとりだけ、と思ってるみたいだが」。数の悪魔が、ふたたび姿をあらわした。こんどは、はてしなくひろいジャガイモ畑のまんなかで、折りたたみ椅子にすわっていた。

「ひとりだけって、どういうこと？」。ロバートはたずねた。

「数の悪魔はひとりだけしかいない、と思ってるんだろうが、ちがう。おおぜいいるんだ。わたしの暮らしてる数の楽園《らくえん》には、仲間がうじゃうじゃおる。残念ながら、わたしはボスじゃないがね。ほんとうのボスたちは、部屋にすわって、問題に頭をひねっているんだ。ひとりのボスが笑って、そうだな、こんなことを言う。『Rnイコール h^n わるnの階乗《かいじょう》かける $f^{(n)}$ かっこ開《ひら》き a プラス θh かっこ閉《と》じ』。すると別のボスが、よくわかったぞって顔をしてうなずき、いっしょに笑うことがある。どういう話なのか、わたしには見当がつかないこともあるんだが」

「みじめだね。でも、かなり自分のこと、わかってるじゃない」。ロバートは憎《にく》まれ口《ぐち》をきいた。「同情してもらいたい？」

「あのな、どうしてこんな夜に、わたしがここに派遣《はけん》されてると思ってるのかね。楽園のお偉方《えらがた》にゃ、はなたれ小僧の相手なんかする暇ないんだよ」

「じゃ、さ、みじめな悪魔に夢で会えることだって、ありがたい話なわけだね」

「誤解《ごかい》するなよ」。ロバートの友だちが言った。ふたりは昔なじみのようになっていたのだ。「楽園でボスたちが頭をひねっているのは、悪いことを考えてるからじゃない。わたしが特別に好きなボスに、フィボナッチという悪魔がおる。発見したことを気前《きまえ》よく教えてくれたこともある。イタリア人でな。残念ながら、とっくの昔に亡《な》くなったが、そんなこと、数の悪魔の世界じゃ、問題にならん。感じのいい悪魔だった、おお、なつかしのフィボナッチ。ところでそのフィボナッチは、0というものを理解《りかい》した最初のひとりでな。0を発明したわけではないが、そのかわりフィボナッチ数というものを考えた。すごい数なんだぞ。すばらしいアイデアはたいていそうだが、フィボナッチの発明も1からはじまった。正確にいうと、2つの1からはじまった。1＋1＝2だ。

この式で、最後の2つの数を
とりだして、加《くわ》える。

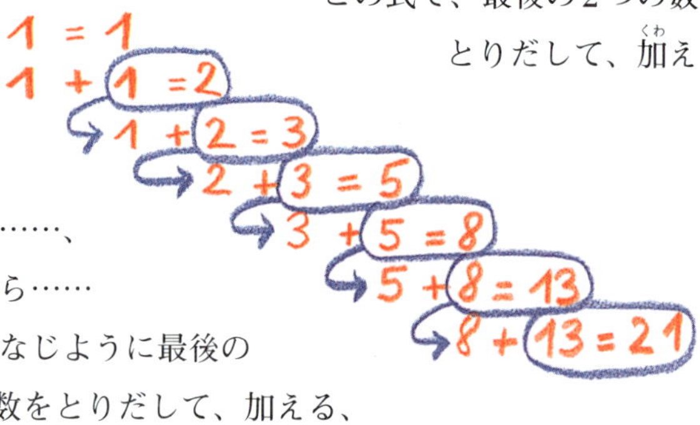

つまり……、
それから……
またおなじように最後の
2つの数をとりだして、加える、
という具合にするんだ。

「気が遠くなるまで、ずうっと」

「ああ、もちろん」

そう言って、数の悪魔は、フィボナッチ数を暗唱《あんしょう》しはじめた。折りたたみ椅子にすわったまま、一本調子の歌のようだった。これぞフィボナッチ・オペラである。

「**1、1、2、3、5、8、13、21、34、55、89、144、233、377、……**」

ロバートは耳をふさいだ。

「わかった。やめてやろう。書いてやるほうが、いいかもしれんな。おぼえられるから」

「でも、どこに？」

「どこでも好きなとこに。ロールペーパーにでも書くか」

悪魔はステッキの先のネジをはずして、薄《うす》いロールペーパーをとりだした。それを地面に投げつけて、ポンとひと突きした。こんなにたくさんの紙がステッキに詰《つ》まっていたのか。ロールペーパーは、信じられないほど長いリボンとなって、どんどん伸びつづけ、ジャガイモ畑の溝《みぞ》にそって、はるかかなたの地《ち》平《へい》線《せん》の先で見えなくなった。もちろんロールペーパーには、フィボナッチ数が番号をふって書かれていた。

1.	2.	3.	4.	5.	6.	7.	8.	9.	10.	11.	12.	13.
1	1	2	3	5	8	13	21	34	55	89	144	233

これより先の数字は、はるか遠くで小さくなっていたので、読めなかった。

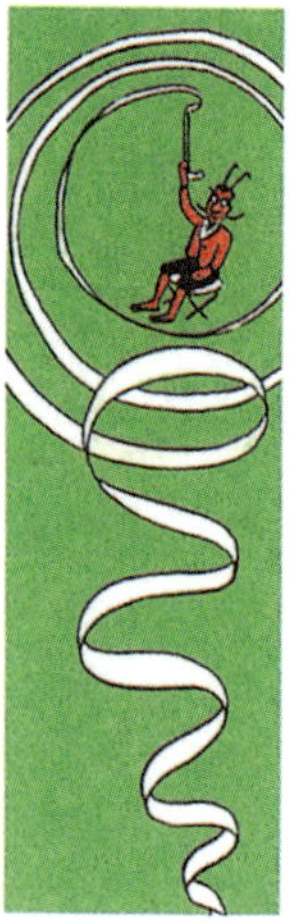

「ふうん、で、これが、どうしたの？」

「最初の５つの数をたして、それに１を加えるんだ。すると７番目の数になる。最初の６つの数をたして、それに１を加えると、８番目の数になる。ま、そんな具合だな」

「ははーん」と、ロバートが言った。「そんなにすごいことなの？」

「飛び石みたいに１個飛ばして、１を加えても、フィボナッチ数ができるんだぞ」

「ほら、見てごらん」　1+1 = 2

「ここで１個飛ばす」　+ 3

「また１個飛ばす」　+ 8

「さらに１個飛ばす」　+21

「この４つの数をたすと、どうなる？」

「34」。ロバートが言った。

「つまり、21のつぎのフィボナッチ数だ。それが面倒なら、ホップしてもいい。たとえば４番目のフィボナッチ数をホップさせてみよう。４番目の数は3だから、3^2は？」

「9」。ロバートが言った。

「じゃ、つぎのフィボナッチ数、つまり５番目の数をホップさせる」

「$5^2=25$」。ロバートはすらすら言った。

「よろしい。こんどはその２つの数をたすと」

9+25=34

「またフィボナッチだ」

「しかもだ、4プラス5は9だから、9番目の数だぞ」

「わかった。なかなかきれいで、いいね。でも、これって、なんの役に立つの？」

「ああ」。数の悪魔が言った。「いいかな。数学は数学者のためだけにあるんじゃないんだ。自然だって、数がないとやっていけない。木や貝だって、計算することができるんだぞ」

「ウソでしょ。ぼくをだまして、クマのところに連《つ》れてく気だな」

「おお、クマだって、そうだ。動物はみんな、計算できる。すくなくとも動物は、フィボナッチ数を暗記《あんき》してるみたいに、行動する。どうだ、わかったかね。フィボナッチ数がどんなものか」

「ううん、わかんない」

「じゃ、ウサギを考えよう。ウサギがいいな。貝より元気だから。このジャガイモ畑にもウサギはいるはずだ」

「どこに？」

「ほら、あそこに2匹」

なんと、2匹の小さな白いウサギがぴょんぴょん跳ねてきて、ロバートの足もとにすわった。

「どうやら」と、老人が言った。「オスとメスらしい。1組の夫婦《ふうふ》ってわけだな。どうじゃ、どんなものも、1からはじまる」

「この悪魔ったらさ、ぼくを言いくるめようとしてるんだぜ。きみたちが計算できるって」。ロバートはウサギに言った。「そんなわけないよね。悪魔の言うことなんか、信じるもんか」

「ねえ、ロバート、ウサギのこと、わかった顔してるみたいだけど、わかっちゃいない」。2匹のウサギが口をそろえて言った。「たぶん、あたしたちのこと、雪ウサギだって思ってんじゃない」

「雪ウサギだろ」とロバートは、わかっているところを見せたくて、きっぱり言った。「雪ウサギってのは、冬にしかいない」

「もちろん。あたしたちが白いのは、若いあいだだけ。大人になるまでには、1か月かかる。すると毛が茶色になって、子どもがほしくなる。ふたりの子どもが、つまり男の子と女の子が生まれるまでに、あと1か月かかる。これ、ちゃんとおぼえといて」

「子ども、ふたりだけでいいのかな。ウサギって、ものすごい数の子どもをつくるんだと思ってたけど」

「もちろん、ものすごい数の子どもをつくるのよ」。ウサギが言った。「でも、一度でじゃない。毎月、ふたり。それで十分。で、あたしたちの子どもも、おなじように子どもをつくる。いまにわかるわ」

「そんなに長くここにいるかなあ。ものすごい数になるまでいたら、ぼく、目をさましちゃってるよ。あしたは朝から学校なんだ」

「だいじょうぶじゃ」。数の悪魔が口をはさんだ。「このジャガイモ畑は、時間の進み方がじつに速い。1か月はたったの5分ですぎる。ほら、見てごらん。ウサギ時計をもってきたから」

そう言って悪魔は、ずいぶん大きな懐中時計《かいちゅうどけい》をとりだした。ウサギの耳が2つついているが、針《はり》は1本しかない。

「おまけにこの時計の数字があらわすのは、何時かじゃなくて、何か月かなんだよ。1か月すぎるたびに、ベルが鳴る。上についてるこのボタンを押せば、動きはじめるんじゃ。やってみようか？」

「はい」。ウサギがさけんだ。

「よろしい」

数の悪魔がボタンを押すと、時計はチクタク動きはじめ、針がまわりはじめた。針が1のところに来ると、ベルが鳴った。1か月がすぎ、ウサギはすっかり大きくなって、毛の色も変わってしまった。もう白ではなく、茶色になっていた。

時計の針が2のところに来ると、2か月がすぎ、メスのウサギが2匹の小さな白いウサギを産《う》んだ。

これでウサギの夫婦は2組になった。若い夫婦と年寄《としよ》りの夫婦。だが2組の夫婦はこれでは満足できなかった。もっと子どもがほしかった。時計の針が3のところに来たとき、またベルが鳴った。そして年寄りのメス・ウサギが、また2匹のウサギを産んだ。

ロバートは夫婦の数をかぞえた。もう3組になっている。まず、一番年寄りが1組（茶色）、それから、最初に生まれた子どもで、もう大人に（茶色に）なっている1組、そして、一番若くて白い1組。

そして時計の針が4のところに来ると、どうなったか。年寄りの親がつぎの1組を産み、年上の子どももおなじように1組を産み、若い子どもも、せっせとはげんだ。こうして5組のウサギが、ジャガイモ畑をぴょんぴょん跳びはねることになった。親が1組、子どもが3組、孫が1組。3組が茶色で、2組が白だった。

「わたしだったら」と、数の悪魔が言った。「きちんと区別してかぞえるの、やめちゃうな。もう、ウンザリだろうが」

時計の針が5をさすまでは、ロバートもいっしょにかぞえることができた。ウサギはもう8組になっている。6回目のベルが鳴ると、もう13組。信じられないよ。うじょ

うじょいるぞ。いったいどうやったら終わるんだろう？

７回目のベルが鳴っても、ロバートはなんとかかぞえられた。ちょうど21組だ。

「ロバート、なにか気がついたかね」
「もちろん。これ全部、フィボナッチ数でしょ」

1, 1, 2, 3, 5, 8, 13, 21 . . .

ロバートがそう言っているあいだに、また、白いウサギの一団が生まれた。そしてたくさんの茶ウサギと白ウサギが踊《おど》っているジャガイモ畑で、いっしょになってはしゃぎまわった。ロバートはもう、全部のウサギをきちんと区別してかぞえられなくなった。ウサギ時計は情《なさ》け容赦《ようしゃ》なく進んでいった。とっくに針は２周目に入っていた。
「助けて！」ロバートは悲鳴をあげた。「終わらないよ。何千匹もいる。恐ろしい！」
「ほら、ここに、ウサギのリストを用意しておいた。リ

ウサギ時計は情け容赦なく進んでいった。「助けて！」ロバートは悲鳴《ひめい》をあげた。「終わらないよ。何千匹もいるよ」。もはやこれは冗談ではなく、悪夢そのものだった。

ストを見れば、0時から7時のあいだにどういうことが起きたか、よくわかるはずだ」

「7時なんて、とっくの昔にすぎてるよ。いまはもう、どう見たって1000こえてるよ」

「正確には4181だ。それに、もうすぐ、つまり5分後には、6765になるだろう」

「地球がウサギだらけになるまで、やらせるつもりなの？」

「いや、そんなにはならんだろう」。数の悪魔は、顔色ひとつ変えなかった。「時計の針をあと2、3周させて、終わりにしよう」

「もうやめてよ。まるで悪夢みたいだ。ぼくさ、ウサギはきらいじゃない。それどころか、好きだよ。でも、どう考えても多すぎるよ。とめてよ、早く」

「ようし、ロバート。だが、ひとつ条件がある。ウサギもフィボナッチ数を暗記しているみたいに行動すると、認めるかね」

「うん、神様に誓《ちか》って認める。でも早くして。頭のところにまで、ウサギがよじのぼってくるよ」

数の悪魔はウサギ時計の頭のネジを2回押した。すると時計はたちまち逆にまわりはじめた。ベルが鳴るごとに、ウサギの数が少なくなり、あと何周か逆まわりして、針が0をさした。だれもいないジャガイモ畑に、ウサギが2匹だけ残っていた。

「どうするかね、この2匹」。老人がたずねた。「飼《か》いたいか？」

「いいよ。そんなことすると、また最初からはじめちゃうよ」

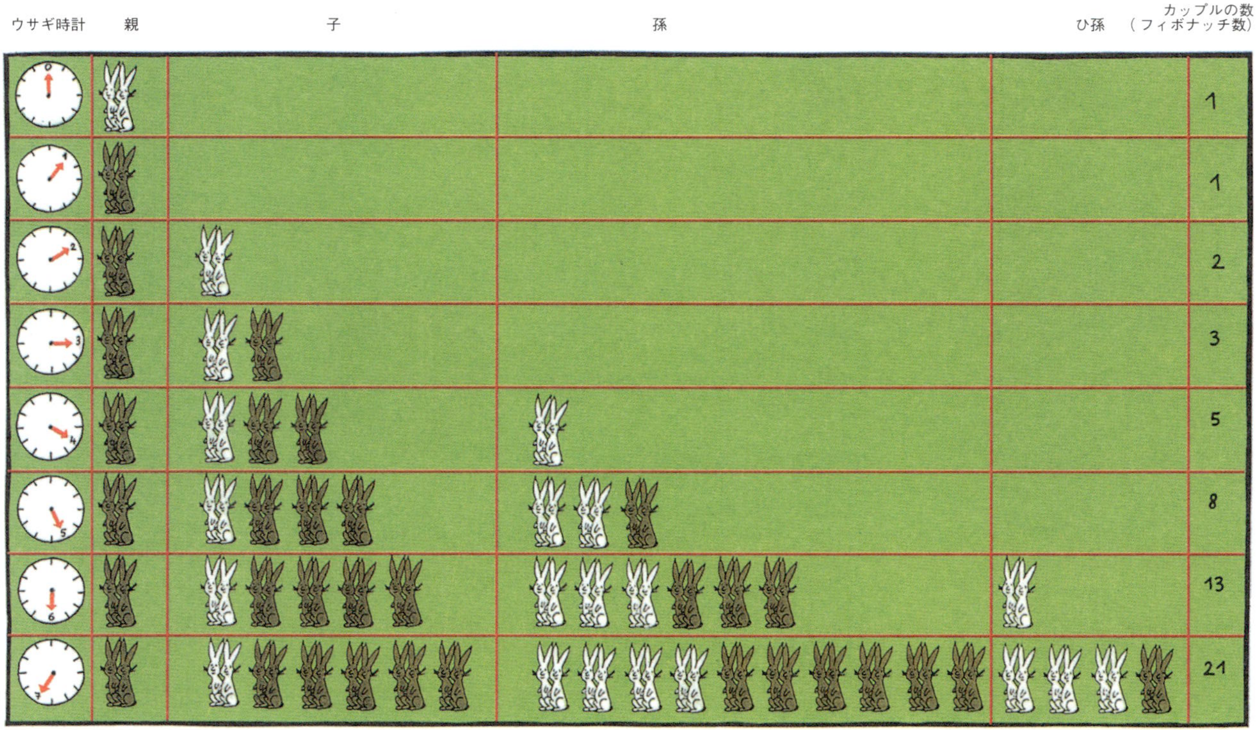
ウサギ時計
親
子
孫
ひ孫
カップルの数
（フィボナッチ数）
1
1
2
3
5
8
13
21

「ああ、まさに自然ってのは、そんなものさ」。老人は、折りたたみ椅子の上で気持ちよさそうに体を揺すった。

「まさにフィボナッチ数って、そんなものさ」。ロバートがお返しをした。「悪魔の教えてくれる数って、どれも、無限にいっちゃうんだよね。そういうのって、ぼく、好きなのか、きらいなのか、わかんないや」

「いま見たように、まったく逆もあるんだぞ。最初の場所に、つまり1にさ、もどってきただろ」

こうしてふたりは仲良く別れた。最後に残った1組のウサギのことなど気にしないで。数の悪魔は、数の楽園に住む昔なじみのフィボナッチのところへ、そしてまた、そこであいかわらず新しい悪魔の数学に頭を悩ましている連中のところへ向かった。ロバートは夢も見ず、目覚《めざ》まし時計が鳴るまで眠りつづけた。鳴ったのは、ごく普通の目覚まし時計だった。ウサギ時計でなくて、ロバートはうれしかった。

自然《しぜん》の動物や植物だって、計算ができるみたいに行動する。そのことがまだどうしても信じられないなら、近くに立っている木をじっとよく見てごらん。たくさんのウサギの話がちょっとむずかしかった人もいるかもしれないしね。木は、ぴょんぴょん跳んだりしない。じっと立っている。だから、枝の数をかぞえるのは、ウサギのときよりは簡単だ。下からはじめよう。1 本目の赤い線のところだ。そこは幹《みき》が1 本あるだけだね。2 本目の赤い線も、おなじだ。もう1 本上の、3 本目の赤い線になると、枝が1 本ふえてるね。そうやって、どんどんかぞえていってみよう。一番上の、そう9 本目の赤い線のところには、何本の枝があるかな？

9
8
7
6
5
4
3
2
1

第7夜

パスカルの三角形

「心配してるのよ」。お母さんが言った。「この子ったら、どうしちゃったの。これまで、中庭や公園で、アルバートやチャーリーやエンツィオとサッカーばっかりやってたのに。いまじゃ、部屋にこもりっきり。学校の宿題やるかわりに、大きな紙をひろげて、ウサギばっかり描いてるんだから」

「うるさいなあ」。ロバートが言った。「邪魔しないでよ。気を散《ち》らさないでったら」

「ほらね、ずうっとブツブツ、数ばっかり言ってる。普通じゃないわ」

お母さんはひとりごとを言っている。ロバートが部屋にいないみたいな顔をして。

「これまで、ぜんぜん数なんか興味《きょうみ》なかった。それどころか、計算の宿題が出たといっては、先生の悪口たたいてたのにね。さあ、外へ行って、きれいな空気でも吸ってらっしゃい」。とうとうお母さんが大きな声をはりあげた。

ロバートは紙から顔をあげた。

「それもそうだね。このままずっとウサギをかぞえてたら、頭痛《あたまいた》くなっちゃう」

ロバートは外に出た。公園には大きな草地があったが、ウサギは1匹もいなかった。

「やあ、ロバート」。姿を見かけて、アルバートがさけんだ。「遊ぶ、いっしょに？」
エンツィオに、ゲルハルトに、イワンに、キャロルもいた。みんなでサッカーをしていたが、ロバートはやりたくなかった。ロバートは思った。みんな、木がどんなふうに生長《せいちょう》するのか、知らないんだろうな。
家に帰ると、もうかなり遅かった。晩ごはんを食べると、すぐにベッドにもぐりこんだ。念のためパジャマのポケットに太いフェルトペンをつっこんだ。
「いつから、こんなに早く寝るようになったのかしら」。お母さんはおどろいた。「これまで、なかなかベッドに入りたがらなかったじゃない」
だがロバートには、自分がどうしたいのかわかっていた。なぜそれをお母さんに話さないのかもわかっていた。ウサギや木だけじゃなく、貝だって計算ができるんだよ、とか、ぼく、数の悪魔と友だちなんだ、なんて説明したって、信じてはもらえないだろう。
眠りこむやいなや、老人が登場《とうじょう》した。
「きょうは、すごいことを見せてやろう」
「うん、でも、ウサギだけはやめて。一日中、ウサギで苦しんだんだ。白いウサギと茶色のウサギがごちゃごちゃになっちゃってさ」
「ウサギのことは忘れよう。さあ、行くぞ」
悪魔はロバートを、サイコロのような形をした白い建物へ連れていった。内側もすっかり白で塗られていた。階段《かいだん》も、ドアも白だ。ふたりは、なにひとつ家具のない、大きな、雪のように白い部屋にはいっていった。
「すわるところもないじゃないか」。ロバートは文句を言

った。「この敷石《しきいし》みたいなの、なんなの？」

ロバートは、部屋のすみに高く積《つ》みあげられた石のところへ行って、じっとながめた。

「ガラスかプラスチックみたいだなあ」とロバートが、しばらくしてから言った。「どれも大きなサイコロの形をしてるよ。中に銀色《ぎんいろ》の線がある。電線《でんせん》かな」

「電気が通ってるんじゃ」と、老人が言った。「どうだ、ピラミッドでもつくろうか」

悪魔はサイコロをいくつか手にとり、白い床《ゆか》の上に1列に並べた。

「さ、ロバート、おまえも」

ふたりが石を並べていくと、こんなサイコロの列ができた。

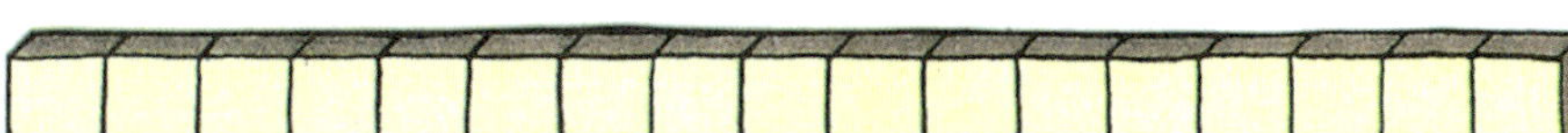

「ストップ！」と数の悪魔がさけんだ。「いま、サイコロは何個ある？」

ロバートはかぞえた。

「17個だよ。すっきりしない数だね」

「いや、そんなにひどくはない。1個はずしてごらん」

「16だ。また、ホップした数になったよ。2が4回ホップした数だ。 2^4」

「いやはや」。老人が言った。「お見通しだね。さあ、どんどんつくってくぞ。こんどは石を、下の石と石のあいだに置いてごらん。ちょうど、ほら、石の壁をつくる要領《ようりょう》で」

「OK」と、ロバートが言った。「でもさ、ピラミッドにはならないね。ピラミッドなら下が三角か、四角だけど、これは線みたいだもん。できるのはピラミッドじゃなくって、三角形だ」

「そうだ。では、三角形をつくろうではないか」。こうしてふたりはサイコロ石をどんどん積んでいった。

「できたよ」とロバートがさけんだ。

「できた、だと？　これからが本番なのに」

数の悪魔は三角形の片方からよじのぼり、一番上のサイコロに1と書いた。

「また、いつものか」とロバートがつぶやいた。「いつも

「ガラスかプラスチックみたいだなあ」とロバートが、しばらくしてから言った。「どれも大きなサイコロの形をしてるよ。中に銀色の線がある。電線かな」

1ではじめるんだね」

「そうさ。なんでも1からはじまるんだ。わかってると思うが」

「でも、これ、どうなるの？」

「いまにわかる。つぎのサイコロに書く数は、ちょうど上にある数の合計だ」

「簡単だ」。ロバートはポケットから太いフェルトペンをとりだして、書いた。

「1しかないよ。これなら電卓なしでだいじょうぶだ」

「すぐに大きくなるぞ。どんどんつづけるんだ」。数の悪魔がさけび、ロバートが書いていった。

「赤ん坊にでもできるよ」

「まあ、そんなにいばるな、ロバート。そのうち、わかるから」

ロバートは計算をつづけ、書いていった。

「わかった。端《はし》の数は 1ばっかりだ。どんなに下まで行ってても、1だ。でさ、そのとなりの、斜めの列だって、目をつむっていても、書けるよ。ほら、簡単な普通の数だ。1、2、3、4、5、6、7……」

「では、そのとなりの、斜めの列はどうなるかね。1、2、3、4、5、6、7……のすぐとなりは？　最初の 4つの数を読んでごらん」。数の悪魔はまたもや、ずる賢そうなほほ笑みを浮かべていた。ロバートは右上から左下へと読んでいった。

「1、3、6、10……。なんだか見おぼえがあるよ」

「ヤシの実だ、ヤシの実」。老人がさけんだ。

「そうか、わかったよ。1、3、6、10……って、＜三角形の数＞だ」

「それ、どうやってつくったかね？」

「ちぇっ、忘れちゃったよ」。ロバートが言った。

「簡単だぞ」

ロバートは三角形をのぼっては書き、おりては書いた。

$$1+2=3$$
$$3+3=6$$
$$6+4=10$$
$$10+5=15$$

「つぎは、15＋6＝21」。ロバートがつづけた。
「よおし」
そうやってロバートはサイコロ石につぎつぎと数を書いていった。数がふえるにつれて、高いところまでぶらさがって移動《いどう》する必要がないので、楽といえば楽になったが、いまいましいことに、数のほうはどんどん大きくなっていった。
「やだよ。こんな数まで全部、暗算しろなんて、言わないでよね」
「ああ、よしよし」と老人が言った。「まあ、そうカリカリするな。さっさとできないんなら、悪魔のお出まし、お出まし」
気が狂ったようなテンポで悪魔は、残りのサイコロに数字を書いていって、三角形を完成《かんせい》させた。
「でもさ、下のほう、ずいぶん窮屈《きゅうくつ》になっちゃったね」。ロバートが言った。「12870なんて、まったくもう」
「ああ、そんなの、大したことじゃない。この三角形はパスカルの三角形といってな、もっといろんなことができるんだ」

1
1 1
1 2 1
1 3 3 1
1 4 6 4 1
1 5 10 10 5 1
1 6 15 20 15 6 1
1 7 21 35 35 21 7 1
1 8 28 56 70 56 28 8 1
1 9 36 84 126 126 84 36 9 1
1 10 45 120 210 252 210 120 45 10 1
1 11 55 165 330 462 462 330 165 55 11 1
1 12 66 220 495 792 924 792 495 220 66 12 1
1 13 78 286 715 1287 1716 1716 1287 715 286 78 13 1
1 14 91 364 1001 2002 3003 3432 3003 2002 1001 364 91 14 1
1 15 105 455 1365 3003 5005 6435 6435 5005 3003 1365 455 105 15 1
1 16 120 560 1820 4368 8008 11440 12870 11440 8008 4368 1820 560 120 16 1

そうなんだよ、このパスカルの三角形はややっこしいだけじゃないか、って思うかもしれない。だが、ちがうんだな。その逆だ。なかなかと計算するのが苦手な怠《なま》け者《もの》には、ぴったりの三角形なのさ。たとえば、＜三角形の数＞の列で最初の12個の数の合計を知りたいとしよう。するとさ、1、3、6、10……っていう3番目の、斜めの列を、右下におりていくだけでいい。ずうっと指でたどっていって、12番目の数のところに来ると、そのすぐ左下の数字を見るんだ。いくらかな？

こうやれば、1＋3＋6＋10＋15＋21＋28＋36＋45＋55＋66＋78がいくらか、なんて計算、あっというまにできちゃうんだよ。

「ところで、ここにつくったものがどういうものか、わかるかね」と、数の悪魔がたずねた。「普通の三角形じゃない。モニターなんだ。画面になる。サイコロたちの心には電気が通ってるが、それはなんのためか。スイッチを入れてやれば、明るくなるんだ」

悪魔が手をたたくと、部屋が暗くなった。もう一度手をたたくと、一番上のサイコロが赤く輝きはじめた。

「また1だ」。ロバートが言った。

だが老人がもう一度手をたたくと、1列目の明かりが消えて、2列目が赤信号のように光った。

「どうだ、これをたしてみると？」

「1＋1＝2」とロバートがつぶやいた。「ぞっとしないね、あんまり」

数の悪魔がもう一度手をたたくと、3列目が赤く輝いた。

「1＋2＋1＝4」。ロバートがさけんだ。「もう、手、たたかなくてもいいよ。わかったからさ。おなじみの、ホップした数でしょ。つぎの列はね、2×2×2、つまり2^3で、8だ。それから、16、32、64って、つづくんだよ。三角形のおしまいまで」

「最後の列は」と、老人が言った。「2^{16}になる。もう、かなり大きな数になっておる。正確にいえば、65 536」

「いいよ、そんなの」

「そうか」。数の悪魔が手をたたくと、また暗くなった。

「昔の知り合いに会いたかないかね」と老人がたずねた。

「相手によるけど」

老人が三度手をたたくと、サイコロがまた輝きはじめた。いくつかが黄、それから青、つぎに緑とか赤。

1
1 1
1 2 1
1 3 3 1
1 4 6 4 1
1 5 10 10 5 1
1 6 15 20 15 6 1
1 7 21 35 35 21 7 1
1 8 28 56 70 56 28 8 1
1 9 36 84 126 126 84 36 9 1
1 10 45 120 210 252 210 120 45 10 1
1 11 55 165 330 462 462 330 165 55 11 1
1 12 66 220 495 792 924 792 495 220 66 12 1
1 13 78 286 715 1287 1716 1716 1287 715 286 78 13 1
1 14 91 364 1001 2002 3003 3432 3003 2002 1001 364 91 14 1
1 15 105 455 1365 3003 5005 6435 6435 5005 3003 1365 455 105 15 1
1 16 120 560 1820 4368 8008 11440 12870 11440 8008 4368 1820 560 120 16 1

「おんなじ色のサイコロが、右上から左下にむかって階段になってるのが、わかるかね。その階段の数字を合計してみると、どんな数になるか。一番上の赤からはじめてごらん」
「1段しかないよ」。ロバートが言った。「また1だよ」
「つぎは黄色の階段だ」
「これも1段だから、1」
「つぎは青の階段。2段あるぞ」
「1＋1＝2」
「つぎはそのすぐ下の、緑で」
「2＋1＝3」
どういうふうにやればいいか、わかってきた。
「こんどは、また赤で、1＋3＋1＝5でしょ。それから黄で、3＋4＋1＝8。つぎは青で、1＋6＋5＋1＝13だ」
「1、1、2、3、5、8、13……というのは、なんだと思うかね」
「フィボナッチだよ、もちろん。ウサギの数だ」
「いいか、このパスカルの三角形には、いろんなことがいっぱい詰まっておる。何日でも遊べるんだが、きょうはこれくらいにするか」
「いいこと言うじゃない」。ロバートが賛成《さんせい》した。
「よおし。計算はこれでおしまい」
数の悪魔が手をたたくと、色とりどりのサイコロが姿を消した。
「ところでこのモニター、ほかにもいろんなことができるんだ。もう一度手をたたけば、どうなると思う？　偶数のサイコロが明るくなって、奇数のサイコロは暗いまま。

1
1 1
1 2 1
1 3 3 1
1 4 6 4 1
1 5 10 10 5 1
1 6 15 20 15 6 1
1 7 21 35 35 21 7 1
1 8 28 56 70 56 28 8 1
1 9 36 84 126 126 84 36 9 1
1 10 45 120 210 252 210 120 45 10 1
1 11 55 165 330 462 462 330 165 55 11 1
1 12 66 220 495 792 924 792 495 220 66 12 1
1 13 78 286 715 1287 1716 1716 1287 715 286 78 13 1
1 14 91 364 1001 2002 3003 3432 3003 2002 1001 364 91 14 1
1 15 105 455 1365 3003 5005 6435 6435 5005 3003 1365 455 105 15 1
1 16 120 560 1820 4368 8008 11440 12870 11440 8008 4368 1820 560 120 16 1

やってみるかい？」

「いいけど」

ロバートの目にうつったのは、ほんとうにおどろくべきものだった。

「ウソみたい。模様《もよう》になってるよ。三角形のなかにあるのは、三角形ばっかりだ。逆立《さかだ》ちしてるけど」

ロバートはわれを忘れた。

「大小いろんな三角形があるだろ」と数の悪魔が言った。「一番小さいのはサイコロ1個みたいだが、もとはといえば三角形じゃ。中くらいの三角形はサイコロが6個。大きいのは28個。もちろんどれも<三角形の数>だ」

「いまは、偶数だけが黄色に輝いてるが、3でわれる数ばかり明るくしたら、どうなると思うかね。4でわれる数だけ明るくしたら、どうなると思う？　5でわれる数ばかりだったら、どう？　わたしが手をたたけば、すぐにわかる。どれでやってみるかね。5にするか？」

「うん」。ロバートが言った。「5でわれる数みんな」

老人が手をたたくと、黄色の数が消えて、緑の数がぱっと明るくなった。

「夢でも思いつけないことだよね。こんども三角形ばっかり。でも、場所も形もちがう。ほんとに魔法みたいだ」

「そうだ、ロバート。わたしはな、自分でも考えこむこ

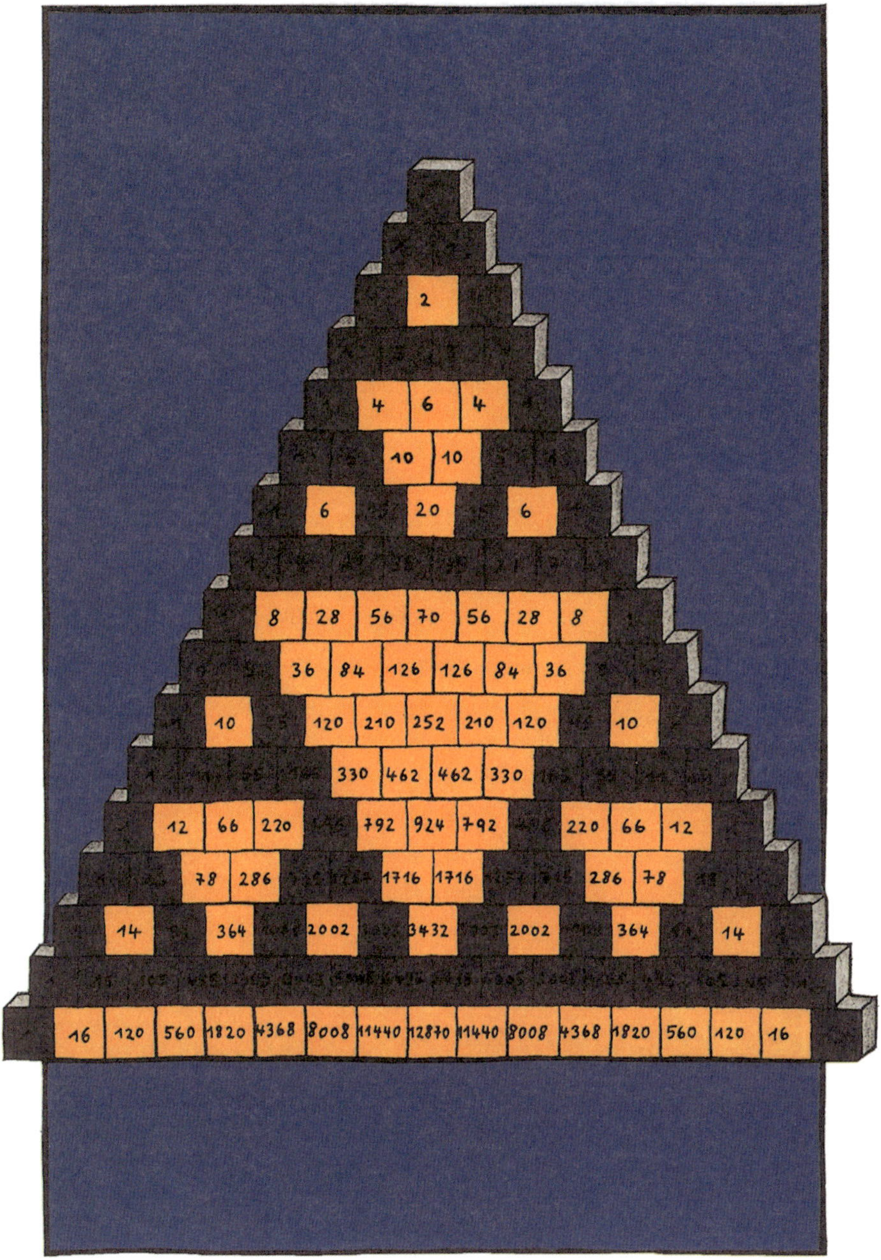

2
4 6 4
10 10
6 20 6
8 28 56 70 56 28 8
36 84 126 126 84 36
10 120 210 252 210 120 10
330 462 462 330
12 66 220 792 924 792 220 66 12
78 286 1716 1716 286 78
14 364 2002 3432 2002 364 14
16 120 560 1820 4368 8008 11440 12870 11440 8008 4368 1820 560 120 16

とがあるんじゃ。どこで数学が終わって、どこで魔法がはじまるのか、と」

「すっごい。これ全部、自分で考えたの？」

「いいや」

「じゃ、だれが？」

「知るもんか。悪魔のみぞ知る。大きな＜数の三角形＞はな、ずうっと大昔から知られていた。わたしなんかより、ずっと年寄りだ」

「目の前にいる悪魔だって、けっこう年寄りに見えるけど」

「わたしのことかい？　よしてくれ。わたしは数の楽園じゃ、一番若いんだぞ。この三角形は、すくなくとも2000歳《さい》。たしか、これを考えついたのは中国人だったかな。いまでもこの三角形で遊んでおるが。まだまだ新しいトリックがどんどん発見されている」

だったら、終わりっこないじゃないか。そう思ったけれど、口には出さなかった。

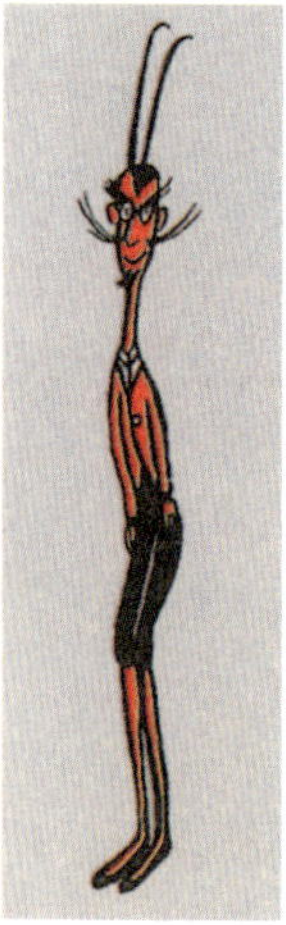

だがロバートの思っていることは、数の悪魔にはわかっていた。

「ああ。数学というのは、まさに、はてしない物語なのさ。考えれば考えるほど、つぎからつぎへと新しい発見がある」

「じゃ、絶対に数学、やめないの？」

「やめない。だが、おまえは……」。数の悪魔がささやいたとき、緑のサイコロの色がどんどん薄くなり、悪魔がどんどん細くなって、まるで糸のようになり、ハインリヒ・ホフマンの絵本『もじゃもじゃペーター』に出てくる小食

5 10 10 5
15 20 15
35 35
70
10 45 120 210
55 165 330
220 495
715
210 120 45 10
330 165 55
495 220
715
15 105 455 1365
120 560 1820
5005 6435 6435 5005
11440 12870 11440
1365 455 105 15
1820 560 120

の＜スープのカスパル＞みたいに見えた。部屋はまっ暗になり、まもなくロバートはなにもかも忘れてしまった。色とりどりのサイコロも、三角形も、フィボナッチ数も、それから友だちの数の悪魔のことも。

ロバートはぐっすり眠った。つぎの日の朝、目をさますと、お母さんからたずねられた。

「とっても顔色が悪いよ、おまえ。悪い夢でも見たのかね？」

「ううん。どうして？」

「心配なのよ」

「変なこと言わないでよ、ママ。悪魔の姿、壁に描いたら、悪魔が出てきちゃうからね」

４でわれる数が全部、モニターで明るくなったら、どんな模様になるか。どうしても知りたいのなら、数の悪魔でなくったって、わかるんだよ。自分で見つけられるんだ。フェルトペンで、４の倍数に残らず色を塗ってごらん。数が大きすぎるんなら、電卓を使えばいい。その数を打ちこんでから、４でわればいい。すると、４の倍数かどうか、わかる。つぎのページに三角形を用意しておいたからね。

1
1 1
1 2 1
1 3 3 1
1 4 6 4 1
1 5 10 10 5 1
1 6 15 20 15 6 1
1 7 21 35 35 21 7 1
1 8 28 56 70 56 28 8 1
1 9 36 84 126 126 84 36 9 1
1 10 45 120 210 252 210 120 45 10 1
1 11 55 165 330 462 462 330 165 55 11 1
1 12 66 220 495 792 924 792 495 220 66 12 1
1 13 78 286 715 1287 1716 1716 1287 715 286 78 13 1
1 14 91 364 1001 2002 3003 3432 3003 2002 1001 364 91 14 1
1 15 105 455 1365 3003 5005 6435 6435 5005 3003 1365 455 105 15 1
1 16 120 560 1820 4368 8008 11440 12870 11440 8008 4368 1820 560 120 16 1

第8夜

いったい何通りあるの？

ロバートは黒板の前に立っていた。1列目の席《せき》にはクラスで一番の親友がすわっていた。サッカーの好きなアルバートと、おさげのベッティーナだ。いつものように、ふたりはけんかしている。

こいつはまずいぞ。ロバートは思った。学校の夢なんか見ちゃってる。

そのときドアがあいた。入ってきたのは、ボッケル先生ではなく、なんと数の悪魔だった。

「おはよう」と悪魔が言った。「また、けんかしてるみたいだな。どうした？」

「ベッティーナが、ぼくの席にすわってるんだ」。アルバートがさけんだ。

「じゃ、替《か》わればいいだろう」

「やだ、って言うんだ」。アルバートがさけんだ。

「ロバート、黒板に書いてくれ」。老人が言った。

「なにを？」

「アルバート Albert を A、ベッティーナ Bettina を B と書くんだ。アルバートを左に、ベッティーナを右に」

ロバートにはわからなかった。どうしてこんなこと、書かなくちゃならないんだ。でも、悪魔がおもしろがるのなら、ま、いいか。

AB

「さて、ベッティーナ」と数の悪魔が言った。「あんたは左にすわって、アルバートは右だ」

変だな。ベッティーナが文句を言わないぞ。おとなしく立ちあがって、アルバートと席を替わった。

BA

こんなふうにロバートは黒板に書いた。

ちょうどそのとき、ドアがあいて、チャーリーCharlieが入ってきた。いつものように遅刻《ちこく》だ。チャーリーはベッティーナの左にすわった。

CBA

こんなふうにロバートが書いた。

だがそれはベッティーナにはよくなかった。「左なら、あたし、一番左よ」

「あれ、あれ」。チャーリーがつぶやいた。「いいよ」。こうしてふたりは席を替わった。

BCA

だがこんどは、アルバートがおさまらなかった。「おれ、ベッティーナの横がいいんだけど」とさけんだ。チャーリーは気だてがよかったので、すぐに立ちあがって、アルバートに席をゆずった。

BAC

　こんなことやってたら、数学の時間、なくなっちゃうぞ。ロバートはそう思った。しかし実際そうなってしまった。アルバートがまた、一番左にすわりたがったのだ。

「じゃ、みんな立たなくちゃ」とベッティーナが言った。「よくわかんないけど、どうしても、って言うんなら……。さ、チャーリー」

　こうしてみんながすわりなおすと、こんな具合になった。

ABC

　もちろんこれも長くはつづかなかった。

「やだ、あたし、チャーリーの横って、やだわ。1分だって」。ベッティーナが言い張った。ほんとうにうるさい女の子だ。しかし、しつこく言うので、男の子たちは折れるしかなかった。ロバートはこう書いた。

CAB

「いいかげんにしてよ」。ロバートが言った。

「どうしてだ」と数の悪魔がたずねた。「まだ全部のすわり方はやってないんだぞ。たとえば、こんなすわり方もある。アルバートが左、チャーリーがまん中、で、ベッティーナが右」

「やだ、絶対に、やだ」。ベッティーナがさけんだ。

「わがまま言うんじゃない」と老人が言った。

3人はいやいや腰をあげ、こんなふうにすわった。

「気がついたか、ロバート。おい、ロバート、おまえに聞いてるんだぞ。こっちの3人には見当もつかんだろうが」。ロバートは黒板をじっと見た。

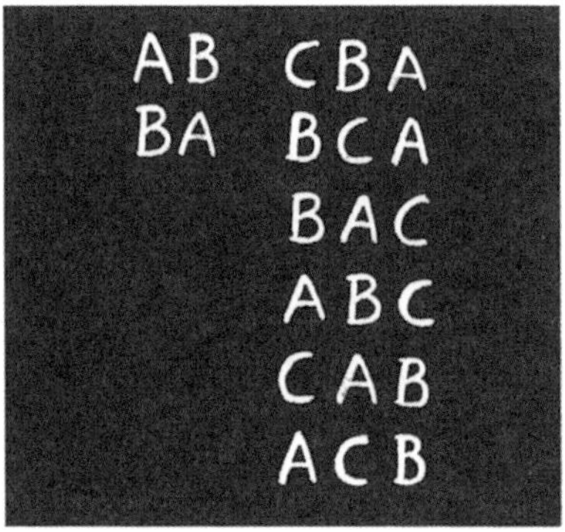

「どうやら全部のすわり方をやったみたいだけど」。ロバートが言った。

「わたしもそう思う」。数の悪魔が言った。「だがな、おまえのクラス、生徒が4人だけなんてことないだろう。まだ何人もいるだろうが」

そう言い終わらないうちに、ドリスがドアをパタンとあけて入ってきた。ちょっと息をきらしている。

「あれっ、どうしたの。ボッケル先生は？　あのう、ど

なたですか」と、ドリスは数の悪魔にたずねた。

「ああ、わたしかね。ただの代理《だいり》さ。ボッケル先生は、休みをとった。もう、くたびれちゃいました、と言ってたぞ。ガサガサしすぎてるからな、このクラス」

「でしょうね」。ドリスが返事した。「あれ、みんな、あべこべにすわってるわ。いつからそこが、あんたの席になったのよ、チャーリー。あたしの席よ」

「じゃ、ドリス、どんなすわり方がいいか、言ってごらん」と数の悪魔が言った。

「アルファベット順がいい」。ドリスが言った。「アルバートAlbertがAで、ベッティーナ Bettinaが Bで、チャーリーCharlieがCで、ドリスDorisがD。一番簡単でしょ」

「まあ、いいか。じゃ、やってみるとしよう」

ロバートは黒板にこんなふうに書いた。

だが、ドリスの提案《ていあん》したすわり方では、ほかのみんなが納得しなかった。教室で悪魔があばれまわっているみたいだった。なかでもベッティーナが最悪《さいあく》だった。席をゆずってもらえないとなると、かんだり、ひっかいたりした。上を下への大騒《おおさわ》ぎ。でもしだいに4人は、このおかしなゲームをたのしみはじめた。席の交換《こうかん》はますます速くなり、ロバートは黒板に書くのに苦労した。こうして4人組が全部のすわり方をためし終わると、黒板にはこんなふうに書かれていた。

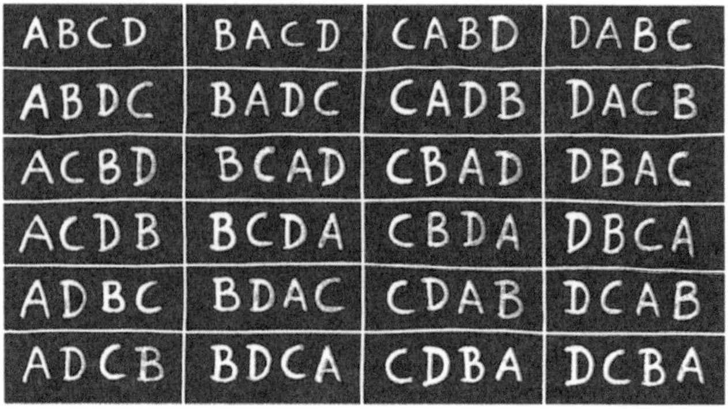

ABCD	BACD	CABD	DABC
ABDC	BADC	CADB	DACB
ACBD	BCAD	CBAD	DBAC
ACDB	BCDA	CBDA	DBCA
ADBC	BDAC	CDAB	DCAB
ADCB	BDCA	CDBA	DCBA

よかった。きょうは、みんなが来てなくって。ロバートは思った。みんなが来ちゃうと、絶対に終わらないからね。

そのときドアがあいて、エンツィオと、フェリシタスと、ゲルハルトと、ハイディと、イワンと、ジャンニーニと、キャロルがとびこんできた。

「やめて」。ロバートはさけんだ。「お願いだから。すわらないで。そんなことされたら、頭おかしくなっちゃうよ」

「よし」と数の悪魔が言った。「おしまいにしよう。みんな、家に帰っていいぞ。きょうの授業はここまで」

「ぼくも？」と、ロバートがたずねた。

「いや、おまえはもうちょっといなさい」

みんなは校庭のほうへ駆《か》けていった。ロバートは黒板に書いた表をじっとながめた。

「さて、どうだね」と、数の悪魔がたずねた。

「わかんない。ひとつだけはっきりしているのは、どんどん数がふえてくってことだね。すわり方が、どんどんふえていく。生徒が２人だけのときは、簡単だった。生徒が２人で、すわり方は２通り。生徒が３人だと、６通り。４人

「やめて」。ロバートはさけんだ。「お願いだから。すわらないで。そんなことされたら、頭おかしくなっちゃうよ」。「よし」と数の悪魔が言った。「おしまいにしよう。みんな、家に帰っていいぞ」

なると、もう……ええっと、待って…… 24 通りだもん」
「では、生徒が 1 人だけのときは？」
「なんだ、そんなの。もちろん 1 通りしかないよ」
「かけ算やってごらん」と老人が言った。

生徒の数	すわり方は何通りあるか
1	1
2	1×2 = 2
3	1×2×3 = 6
4	1×2×3×4 = 24

「なるほど」とロバートが言った。「おもしろいね」
「ゲームをやる人数がふえてくると、こうやって書いていくのが面倒になってくる。だがな、これはもっと簡単に書ける。人数を書いてから、後ろにびっくりマークをつけるんじゃ。ほら」

$$4! = 24$$

「で、これを『4 のびっくり』と読むことにしよう」
「もしもね、エンツィオと、フェリシタスと、ゲルハルトと、ハイディと、イワンと、ジャンニーニと、キャロルを家に帰してなかったら、どうなってたんだろうね？」
「めっちゃくちゃになってただろうな」と、数の悪魔が言った。「みんな大騒ぎで、全部のすわり方をためしただろう。きっと恐ろしく時間をかけて。アルバートとベッティーナとチャーリーをいれると、全部で 11 人。ということは、11 のびっくり通り、すわり方があるわけだ。計算してみるかね」

「暗算は人間には無理だよ。でも学校には、いつも電卓をもってきてるんだ。ないしょでね、もちろん。電卓で計算するの、ボッケル先生、いやがるから」。そう言ってロバートは、数字を打ちはじめた。

$$1\times2\times3\times4\times5\times6\times7\times8\times9\times10\times11=$$

「11 のびっくりは」と、ロバートが言った。「正確には 39 916 800。約 4000 万通りもあるよ」

「どうだ、ロバート、このすわり方をためしていたら、80 年たってもここで、やってることになるぞ。とっくの昔にクラスメートは車椅子《くるまいす》の世話《せわ》になっていて、看護婦《かんごふ》さんを 11 人たのんで、あっちへこっちへ車椅子を移動してもらってるはずだ。だがな、ちょっと数学を使えば、ずうっと速くなる。おっ、そうだ、クラスメートがまだいるか、窓から見てごらん」

「みんな、大急ぎでアイスを買って、もう家に帰ったんじゃないかな」

「別れるとき、みんな握手《あくしゅ》するんだろ？」

「とんでもない。せいぜい、『じゃ』とか『またね』って言うくらいさ」

「そうか」。数の悪魔が言った。「残念《ざんねん》だな。みんなが握手したら、どうなるか、教えてやろうと思ったのだが」

「やめてよ。きっと死ぬまで握手しつづけることになるんじゃないの。たぶん、ものすごい回数になるんだ。そう

だな、11人いるんだから、11のびっくり回でしょ」

「ちがう」。老人が言った。

「2人のときなら」と、ロバートは考えた。「握手は1回だけか。3人だと……」

「書いてみたらどうかね」

ロバートは黒板に書いた。

生徒	握手
A	—
AB	AB
ABC	AB AC BC
ABCD	AB AC AD BC BD CD

「つまり、2人のときは1回、3人になると3回、4人だと6回になる」

「1、3、6……。どういうことになってるか、わかるだろ？」

ロバートは思い出せなかった。数の悪魔は黒板にいくつか点を描いた。

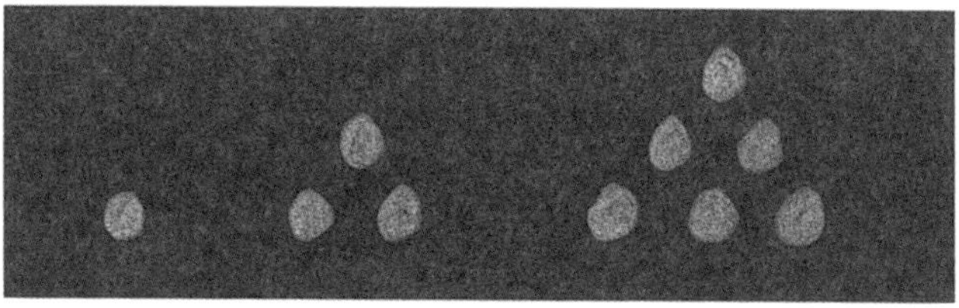

「ヤシの実だ」とロバートがさけんだ。「＜三角形の数＞だ！」

「あとは、どんな数になるかね？」

「知ってるくせに」

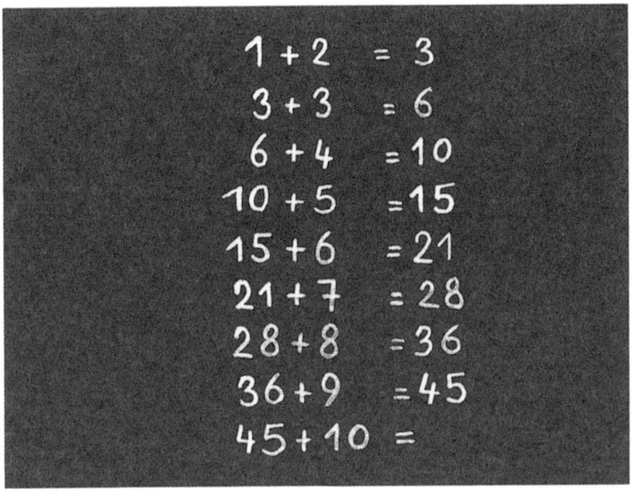

「ちょうど55回、握手するわけだ」
「これならできるね」。ロバートが言った。
「長い計算がいやなら、ちがう方法がある。黒板に円を描いてごらん。そうだ」

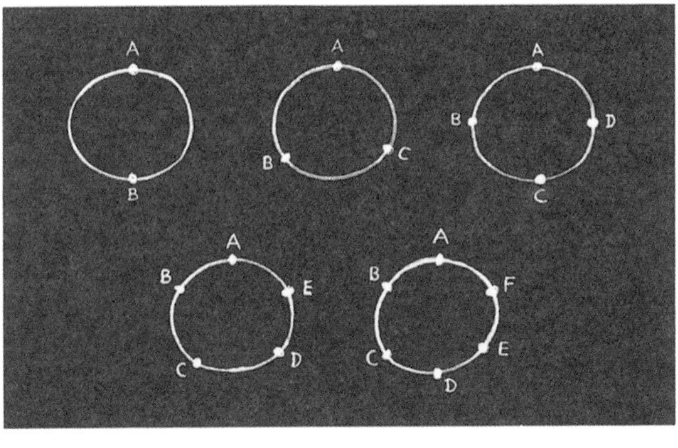

「新しい円を描くたびに、アルファベットをひとつずつふやしていく。アルバートのA、ベッティーナのB、チャーリーのC、というふうにな。こんどはアルファベットどうしを全部、つないでごらん」

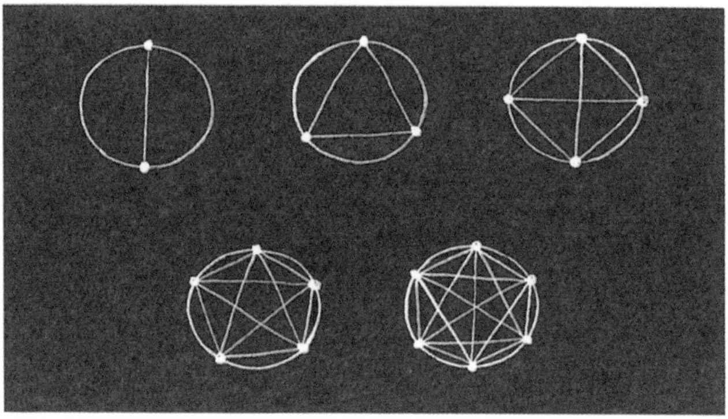

「なかなかいいだろう？　つないだ線が握手ってわけだ。だから、線の本数をかぞえればいい」

「1、3、6、10、15……。さっきやったのとおんなじ数だ」。ロバートが言った。「ひとつ、わかんないことがあるんだけど、教えて。どうしていつも、なんでもぴったり計算が合うの？」

「それは数学のなかに悪魔が住んでおるからだ。なんでもぴたりと合う……、うーん、そうだな、『ほぼ、なんでも』と言いなおしておこう。ほら、あの、素数なんか、気まぐれだろ。ほかにも、目を皿《さら》みたいにして用心《ようじん》しないと、つまずく数もある。だがな、だいたいにおいて数学は、きちんとしてるんだ。きちんとしすぎてるから、憎む者も出てくる。わたしはイノシシみたいなやつとか、超《ちょう》だらしないやつはきらいだが、しかし、逆もまた真《しん》なり。そういう連中は数がきらいなんだ。ちなみに、窓から校庭を見てごらん。ここの校庭はまるで豚小屋《ぶたごや》じゃないか」

ロバートも認めるしかなかった。校庭のあらゆるところに、からっぽのコーラの缶《かん》や、ぼろぼろになったコミックや、パンの包《つつ》み紙《がみ》がちらかっていたのだ。

「おまえたちのうちの3人が、ほうきで掃除《そうじ》すれば、半時間で校庭は見ちがえるほどきれいになるぞ」

「3人ってだれのこと？」

「たとえばアルバートと、ベッティーナと、チャーリーだ。ドリスと、エンツィオと、フェリシタスでもいい。ほかにも、そうだ、ゲルハルトや、ハイディや、ジャンニーニや、キャロルがいたな」

「でも、いま、3人って言ったでしょ」

「ああ」。数の悪魔が言い返した。「3人といっても、いろいろだ」

「好きなように組合《くみあわ》せられるんだね」とロバートが言った。

「もちろん。だがみんながいなかったとしたら？　アルバートAlbertと、ベッティーナBettinaと、チャーリーCharlieの3人しかいなかったとしたら？」

「そのときはその3人でやるしかないよ」

「よし、じゃ、書くんだ！」

ロバートは黒板に書いた。

「さて、そこへドリスDorisがやってきたら、どうする

かね？　ほかの組合せ方も考えられるはずだろ」
　ロバートは考えた。それから黒板に書いた。

ABC　ABD　ACD　BCD

「4 通りあるよ」
「そこへな、たまたまエンツィオEnzioが通りかかった。エンツィオだって掃除してもいいわけだ。すると候補《こうほ》が5人になる。さあ、計算してごらん」
　ロバートは計算したくなかった。
「いいから、答を教えてよ」。ロバートはくたびれていたのだ。
「まあ、いいだろ。3 人のときは、1 通りのグループしかなかった。4 人になると、4 通りのグループができる。5 人になると10 通りじゃ。かわりに書いてやろうか」

人数	グループ									
3	ABC									
4	ABC	ABD		ACD			BCD			
5	ABC	ABD	ABE	ACD	ACE	ADE	BCD	BCE	BDE	CDE

「ほかにも奇妙なことがあるぞ。この表には。わたしは

な、ほら、アルファベット順に書いた。アルバート(A)ではじまってるグループはいくつあるか。10だ。ベッティーナ(B)ではじまってるグループは？　4つだ。で、チャーリー(C)ではじまってるのは、たったのひとつ。このゲームじゃ、いつもおなじ数が登場してくるぞ」

1, 4, 10…

「この先どうなるか、わかるかね。つまり、ここに何人かが加わるとする。そうだな、たとえば、フェリシタスや、ゲルハルトや、ハイディが。するとグループの数は何通りできるかね」

「わかんない」

「握手の問題のとき、考え出したこと、おぼえておるだろうが。ほら、ひとりずつ握手して別れるときのこと」

「あれは簡単だったよ。＜三角形の数＞があったもん」

1, 3, 6, 10, 15, 21…

「でも、これ、3人でする掃除の問題には使えないよ」

「いや、そんなことはない。最初の2つの＜三角形の数＞を加えると？」

「4だよ」

「それに、つぎの＜三角形の数＞を加えると？」

「10」

「それに、つぎの＜三角形の数＞を加えると？」

「10＋10 ＝20」

「ああ、よし」

「これから、こうやってずうっと計算しなくちゃならないの？　11番目のところに来るまで？　冗談でしょ？」

「心配いらん。なしでもだいじょうぶ。計算も、実験も、ABCDEFGHIJKもなしで、やれる」

「どうやって？」

「あのなつかしいパスカルの三角形によって」と老人が言った。

「あれをこの黒板に描こうっていうの？」

「いいや。そんな気はない。あまりにも面倒だ。だがな、ここにステッキがある」

悪魔がステッキの先で黒板をトントンとたたくと、もうあらわれた。とてもりっぱなパスカルの三角形で、おまけに4色だった。

「こんなに楽なものはない」。老人の悪魔が言った。「握手の問題では、緑のサイコロを上から下にかぞえるだけ。2人のときは1回、3人になると3回、11人だと55回。

3人で掃除するときは、赤のサイコロを見る。これも上から下へかぞえればいい。これは3人ではじまってる。グループは1通りだ。つぎの4人の場合は、4通りの組合せができる。5人になると10通り。さて、11人が全部そろってる場合は、何通りかね」

「ええっと、165通り」。ロバートが答えた。「ほんとに簡単だ。パスカルの三角形ってコンピューターみたいだね。ところで黄色《きいろ》のサイコロ、どんな役に立つの？」

「ああ」と老人が言った。「わかってると思うが、わたしはそう簡単には満足しない。数の悪魔というのは、なんで

1
1 1
1 2 1 2
1 3 3 1 3
1 4 6 4 1 4
1 5 10 10 5 1 5
1 6 15 20 15 6 1 6
1 7 21 35 35 21 7 1 7
1 8 28 56 70 56 28 8 1 8
1 9 36 84 126 126 84 36 9 1 9
1 10 45 120 210 252 210 120 45 10 1 10
1 11 55 165 330 462 462 330 165 55 11 1 11
1 12 66 220 495 792 924 792 495 220 66 12 1 12
1 13 78 286 715 1287 1716 1716 1287 715 286 78 13 1
1 14 91 364 1001 2002 3003 3432 3003 2002 1001 364 91 14 1
1 15 105 455 1365 3003 5005 6435 6435 5005 3003 1365 455 105 15 1
1 16 120 560 1820 4368 8008 11440 12870 11440 8008 4368 1820 560 120 16 1

も徹底的《てっていてき》にやるんじゃ。もしも3人で掃除がやりきれないなら、どうするね？　4人にやらせることになる。で、そのとき黄色の階段が役に立つ。たとえば8人いる場合、4人組のグループはいくつできる？」

「70通り」。ロバートはちゃんとわかっていた。パスカルの三角形から答を見つけるのは、簡単だった。

「その通り」。数の悪魔が言った。「青のサイコロのことは、もういいだろう」

「8人組の場合でしょ。8人しかいないときは、考える必要はない。1通りしかないからね。10人の候補者《こうほしゃ》がいるときは、45通りものグループができる。ね、こういう調子でしょ」

「ばっちり」

「いまさ、どうしても知りたいのは、校庭のようすなんだけど」

窓から見ると、なんと、校庭はチリひとつ落ちていないほどきれいに掃除されていた。これまでにはなかったことだ。

「いま、ほうきもって、掃除してるのだれなんだろう」

「おまえじゃないことは、たしかだな、ロバート」

「校庭の掃除、ぼくにやれるわけないでしょ。夜はずっと、数やサイコロと格闘《かくとう》させられてるんだからさ」

「でも格闘、おもしろかっただろ」

「うん。これからどうするの？　また来てくれる？」

「とりあえず休暇《きゅうか》だ。そのあいだボッケル先生とたのしくやることだな」

ロバートにそんな気はなかった。けれど、ほかにどうしようがある？　あしたはまた学校に行かなくちゃならない。

ロバートが教室に入ると、アルバートやベッティーナたちがもう席についていた。だれひとり、席のとりかえっこをしようとはしていなかった。

「お、数学の天才のお出ましでーす」。チャーリーがさけんだ。

「ロバートちゃん、寝てるときもお勉強してるんだもんね」

「そんなこと言って、なんになるの」とドリスが言った。

「別に」。キャロルがさけんだ。「どっちにしてもボッケル先生、ロバートのことをきらいでしょ」

「ぼくだって」とロバートが答えた。「ボッケル先生なんて、帰ってこなきゃいいのに」

ボッケル先生が姿をあらわすまえに、ロバートは急いで窓の外を見た。

あいかわらずだな。校庭を見て、ロバートは思った。ゴミの山じゃないか。夢で見たことなんて、まったく信用できない。数だけはちがう。数なら信用できる。

そのとき、パンをいっぱい詰めこんだカバンをかかえて、どうしようもないボッケル先生が入ってきた。

第9夜

はてしない物語

ロバートは、夢を見ている夢を見た。そういうことは、なれっこだった。いやな目にあったとき、たとえば、急流のまっただなかでツルツルすべる石の上に片足で立っていて、前に進むことも、後ろにひき返すこともできないようなときには、いつも、こう考えたのである。クソッ、でも、これって、夢にすぎないんだ。

しかし、インフルエンザにかかってしまったら、どうするか。一日中、高い熱が出て、寝ていなければならないとき、そんなトリックはあまり役に立たなかった。ロバートにはよくわかっていた。熱にうなされて見る夢は最悪の夢なのだ。いまでもおぼえているのだが、いつか病気になったとき、火山《かざん》の爆発《ばくはつ》の夢を見てしまったことがある。火を噴《ふ》く火山のおかげで天まで吹き飛ばされ、しばらく雲の上にただよってから、ゆっくりと、気持ち悪いくらいゆっくりと落っこちはじめ、ぽっかり口を開いた火口《かこう》に墜落《ついらく》して……。思い出したくもない夢だった。だからロバートは、ずっと目をさましていようと決心したのだ。お母さんの忠告《ちゅうこく》にもかかわらず。

「しっかり眠るのが一番。眠って、インフルエンザなんて追い出しちゃうのよ。あんまり本なんか読まないで。体に悪いわ」

漫画《まんが》を12冊ほど読むと、さすがにくたびれて、まぶた

が重くなってきた。
しかしそれからロバートが見たのは、なんとも奇妙な夢だった。インフルエンザにかかって、ベッドに寝ている夢を見たのである。そしてベッドのそばには数の悪魔がすわっていた。
あれっ、ナイトテーブルの上のコップ、水が入ってるぞ。ロバートは思った。暑《あつ》いな。熱《ねつ》があるんだ。ぜんぜん眠れなかったらしいや。
「そうかい」と老人が言った。「では、このわたしはどうなるんだ。わたしはおまえの夢ではないのか。それともわたしは実際におるのか？」
「ぼくにもわかんない」
「ま、どちらでもよい。いずれにしても、見舞《みま》いに来たかったのでな。病気になったら、家でじっとしてるんだ。砂漠に出かけたり、ジャガイモ畑でウサギの数をかぞえたりしちゃいかん。で、わたしは考えた。どうだ、大げさなトリックはなしにして、静かな夜をすごそうではないか。退屈しないように、数も呼んでおいた。数なしじゃ、生きてはおれん。だが心配するな、おまえのこと食べたりしないから」
「いつもそう言ってるけどさ」
ドアをノックする音がした。「どうぞ」と数の悪魔がさけぶと、たちまち数が行進しながら入ってきた。一度にたくさんの数だったので、あっというまにロバートの寝室がいっぱいになった。ドアとベッドのあいだに、信じられないくらいたくさんいるじゃないか。数は、競輪選手《けいりんせんしゅ》かマラソン選手みたいだった。みんな、白いジャージにナンバーをつけていた。ロバートの寝室は小さいほうだが、どんどん数がふえるにしたがって、どんどん長くなっていくようだった。ドアはどんどん後ろにさがり、一直線の廊下《ろうか》の端のずうっと先で、ほとんど見えなくなった。

数たちは笑ったりおしゃべりしたりしていた。数の悪魔が、軍曹《ぐんそう》みたいに大声でさけんだ。

「気をつけ！　第1列、位置《いち》について！」

するとすぐに数たちが、背中を壁にむけて1列に並んだ。1を先頭に、そのあとの数字が順番に。

「0は、どうしちゃったの」とロバートがたずねた。

「0、前へ！」と数の悪魔が怒鳴った。

0はベッドの下に隠《かく》れていたのだ。そろそろとはいだして、ばつの悪い顔をして言った。

「あのう、ぼく、お呼びじゃないと思って。具合よくないんです。インフルエンザにかかっちゃったみたい。どうかお願いですから、病気休暇、いただけませんか」

「よし、さがれ！」と老人がさけぶと、0はまたロバートのベッドの下にもぐりこんだ。

「まあ、特別だからな、0は。いつも特別扱《とくべつあつか》いしてもらいたがる。しかし、見たか、ほかの連中は、よく言うこと聞くだろうが」

きちんと整列しているごく自然な数を、悪魔は目を細めてながめた。

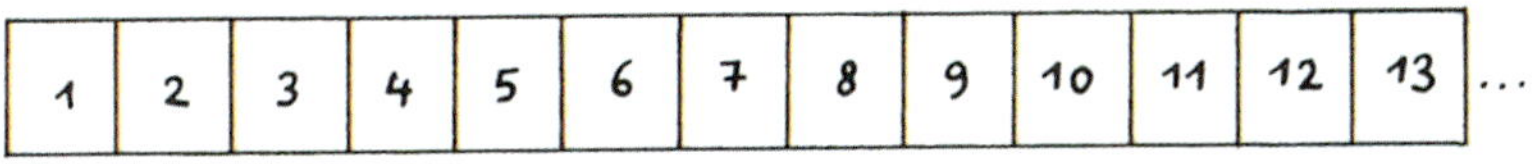

「第2列、位置について！」と悪魔がさけぶと、新しい

数がなだれを打って入ってきた。足音をバタバタさせたり、足をひきずったりして、ようやくのことで、1列になった。

部屋といっても、先が見えないほど長くのびたチューブになってしまっていたのだが、その部屋のなかで数たちは、ひとりずつ第1列の数の前に並んでいった。みんな、赤いジャージを着ていた。

「ははーん、こんどは奇数だ」

「そうだ。じゃ、壁ぎわに立ってる白いジャージの人数とくらべて、赤のジャージの人数はどれくらいかね？」

「そんなの、決まってるでしょ。みんな奇数なんだから、赤は、白の半分だよ」

「つまり、自然数《しぜんすう》の半分だけ、奇数があるというわけかね？」

「そうだよ」

数の悪魔は笑った。しかし、感じのいい笑いではなかった。ロバートのことをバカにしたような笑いだった。

「がっかりさせて悪いが、どちらも、おんなじだけあるぞ」

「そんなわけないよ」。ロバートがさけんだ。「すべての数が、だよ、そのすべての数の半分と、おんなじだけあるわけないじゃないか。おかしいよ、まったく」

「よおく聞け。教えてやろう」

悪魔は数にむかって怒鳴った。

「第1列と第2列、握手しろ！」

「どうしてそんなに怒鳴るのさ」。ロバートは怒った。「まるで兵隊《へいたい》に命令しているみたいじゃないか。もうちょっとやさしく言えないの？」

だがロバートの抗議の声はかき消されてしまった。白の列の数と赤の列の数が、ひとりずつ握手をして、突然、2人1組の鉛《なまり》の兵隊のように立っていたのだ。

1	2	3	4	5	6	7	8	9	10	11	12	13	…
1	3	5	7	9	11	13	15	17	19	21	23	25	…

「ほうら、わかったか。1からずうっと先の、どの自然数も、おなじく1からずうっと先の奇数とペアになっておるじゃろ。白のパートナーがいない赤なんて、どこかにあるか。つまりな、自然数は無限にあるが、奇数もまた無限にあるということだ」

ロバートはしばらく考えこんだ。

「とすると、もしもだよ、無限を2でわったら、無限が2つできる、ってこと？　だったら、全部は、半分とおんなじ大きさってことになっちゃわない？」

「たしかにな」と数の悪魔が言った。「しかも、これでおしまいじゃない」

悪魔はポケットからホイッスルをとりだして、吹いた。

するとたちまち、はてしなく長い部屋のずうっと奥のほうから、また別の行列があらわれた。こんどは、みんな、緑のジャージを着ていて、カタカタ、パタパタ音を立てていた。老人の悪魔が隊長《たいちょう》のようにさけんだ。

「第3列、位置について！」

あまり時間はかからなかった。緑の数たちは、赤と白の前にきちんと整列した。

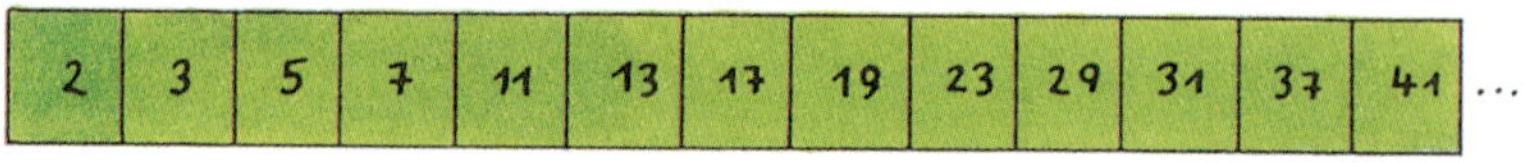

「こんどは素数じゃないか」

老人はうなずいただけで、またホイッスルを吹くと、第4列目があらわれた。いまやロバートの部屋は、地獄さながらの大混乱。まるで悪夢だ。たった1つの部屋に、たとえそれが月まで飛んでいくロケットの軌道《きどう》みたいに長い部屋だとしてもだよ、どうしてこんなにたくさんの数が並んでいられるものなのか。ロバートの頭は、まっ赤に燃える電球《でんきゅう》みたいな感じだった。

「やめて」とロバートはさけんだ。「もう、だめだ」

「そりゃ、おまえがインフルエンザだから」と数の悪魔が言った。「あしたになれば、きっとよくなってるさ」。それから命令をつづけた。

「みんな、よく聞け。第4列、第5列、第6列、第7列、位置について。急ぐんじゃ、さあ」

ロバートは、閉じてしまいそうになっていた目を大きく見開いた。白、赤、緑、青、黄、黒、ピンクのジャージを着た7種類の数が、はてしなくのびた寝室のなかで、きちんと順序よく並んでいるではないか。

「どうぞ」と数の悪魔がさけぶと、たちまち数が行進しながら入ってきた。一度にたくさんの数だったので、あっというまにロバートの寝室がいっぱいになった。

1	2	3	4	5	6	7	8	9	10	11	12	13	14	15	…
1	3	5	7	9	11	13	15	17	19	21	23	25	27	29	…
2	3	5	7	11	13	17	19	23	29	31	37	41	43	47	…
1	1	2	3	5	8	13	21	34	55	89	144	233	377	610	…
1	3	6	10	15	21	28	36	45	55	66	78	91	105	120	…
2	4	8	16	32	64	128	256	512	1024	2048	4096	8192	16384		…
1	2	6	24	120	720	5040	40320		362880		3628800		39916800		…

最後の列のピンクのジャージに書かれた数は、ほとんど読むことができなかった。あまりにも大きな数なので、ジャージの胸には書ききれないのだ。

「恐ろしいくらい、あっというまに大きくなっちゃうんだね。ついてけないや」

「びっくり、だよ、ほら、あの」と老人が言った。「びっくりマークの数だからな」

$$3! = 1 \times 2 \times 3$$
$$4! = 1 \times 2 \times 3 \times 4$$

「こんな具合に、どんどん大きくなっていく。思ったよりも速く。ところで、ほかはどうだ。見おぼえがあるかね？」

「赤は、さっき、やった。奇数でしょ。緑は素数。青は、ううん、わかんないけど、なんか見おぼえがある」

「ウサギだよ、ウサギ」

「そうか。フィボナッチ数だ。じゃ、黄色は＜三角形の数＞かな」

「よし、よし、ロバート。インフルエンザのことはさておき、魔法使いの弟子としては、進歩したな」

「ええっと、つぎの黒は、ホップした数ばかり。2^2、2^3、2^4となってるもん」

「しかもどの種類の数も、おなじように無限にある」。数の悪魔が言った。

「はてしなくたくさん、なんでしょ」。ロバートはため息をついた。「恐ろしいよ、こんなに押し合いへし合いしてるなんて」

「第1列から、第7列まで、全員、さがれ！」隊長の老人が怒鳴った。

するとまた数たちが、こすりあい、押し合いへし合いし、ひじでこづきあい、ドンドン足を踏み鳴らし、突いたり、押したりした。数がみんな外へ出てしまうと、すばらしく静かになり、ロバートの部屋が以前のように、ふたたび小さくなり、だれもいなくなった。

「さて、アスピリンを飲まなくちゃ。コップ一杯《いっぱい》の水で」。ロバートが言った。

「では、ゆっくり休んで、あした元気になろう」

数の悪魔はロバートに毛布までかけてやった。

「おまえは、目をあけてるだけでいい」と悪魔が言った。「あとは天井《てんじょう》に書いてやるから」

「あと、って、なんのこと？」

「ああ」と言って、またもや老人はステッキをやたらにふりまわした。「数の列は、追い出してやった。連中、やかましすぎる。部屋もめちゃくちゃにするからな。こんどやってくるのは、級数《きゅうすう》だけだ」

「級数？　級数って、どういうの？」

「そうだな、これまでは数が鉛の兵隊みたいに順番に並んでるだけだったが、それをプラスの記号でくっつけたものが級数じゃ。並んでた数をくっつけたら、どうなるか。つまり合計したら、いくらになるかね」

「わかんないよ」と、ロバートはうめいた。

ところがもう老人は、最初の線を天井に書いていた。

「ゆっくり休め、って言ったのはだれだっけ？」

「まあ、そう言うな。書いたのを見てるだけでいいんだから」

$$\frac{1}{2}+\frac{1}{4}+\frac{1}{8}+\frac{1}{16}+\frac{1}{32}+\frac{1}{64}\cdots=$$

「あれぇ、分数じゃないか」と、ロバートは怒った。「ちぇっ、悪魔のやつめ」

「おっと、失礼。だがこいつは、じつに簡単だぞ。ほら」

「2分の1」とロバートが読んだ。「プラス4分の1プラス8分の1プラス16分の1……。上はいつも1で、下は2がホップした数。それが順番に出てくる。黒のジャージだ、2、4、8、16……。そうか、なるほど」

「ああ。だが、分数を全部たしたら、どうなるかね？」

「わかんないよ。この級数、絶対に終わらないんだから、たぶん、はてしなく大きな数になるんだ。でもさ、よく見

「さて、アスピリンを飲まなくちゃ。コップ一杯の水で」と、ロバートが言った。だが老人はまたもや、ステッキをやたらにふりまわした。

ると、1/4って1/2より小さくて、1/8って1/4より小さい…
…わけだから、加える数がどんどん小さくなってる」

数が天井から姿を消した。ロバートは天井をにらんだが、長い1本の線しか残っていない。

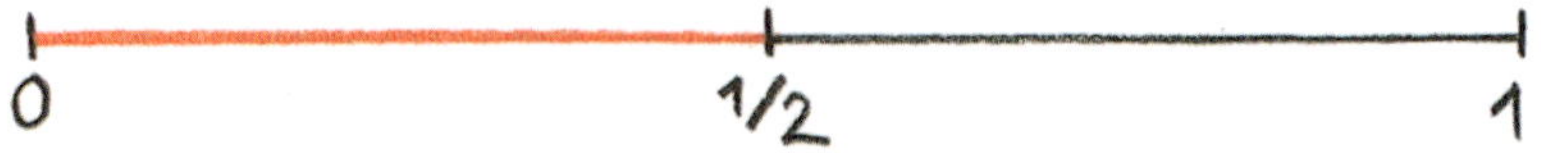

「そうか」。しばらくしてからロバートが言った。「わかったみたい。1/2からはじまってるんだよね。それに1/2の半分、つまり1/4を加えてるんだ」

ロバートの言ったことが、もう、天井にはっきり書かれていた。

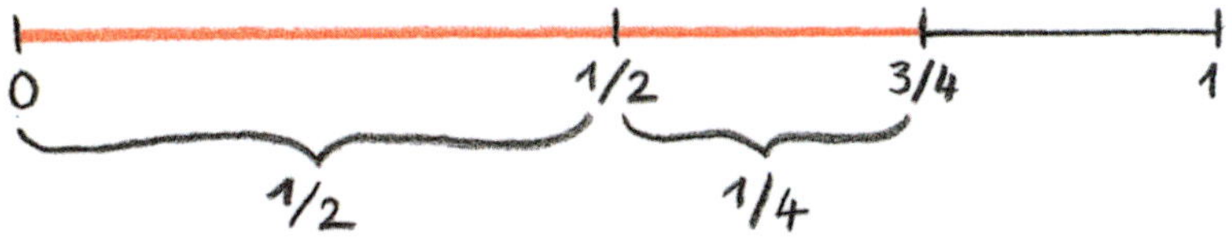

「こんな具合にやっていけばいいんだ。いつも半分を加えていく。1/4の半分は1/8で、1/8の半分は1/16で……。加えていくのは、どんどん小さくなっていくよ。ものすごく小さくなっていくので、見えなくなっちゃう。ああ、そうだ、ガムをどんどんわってってたときみたい」

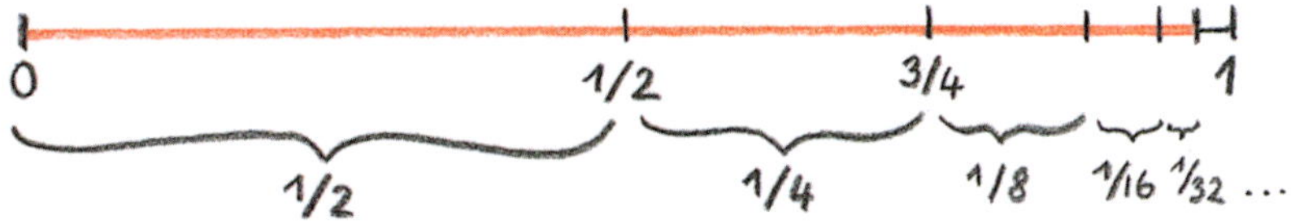

「死ぬまで、つづけられそうだけどさ。ほとんど1に近づくんだけど、絶対、1にはならないんだよね」

「そう。気の遠くなるまではてしなく、つづければいい」

「そんな元気、ないよ。なんてったって、ぼく、インフルエンザで寝こんでるんだから」

「具合がよくなくても、計算のやり方と答、わかっただろ。おまえがくたびれても、数のほうは絶対にくたびれない」

天井では線が消えて、分数があらわれた。

$$\frac{1}{2}+\frac{1}{4}+\frac{1}{8}+\frac{1}{16}+\frac{1}{32}+\frac{1}{64}\cdots=1$$

「すごい」。数の悪魔がさけんだ。「すばらしい。さあ、つづけよう」

「くたびれちゃったよ。寝なきゃ、もう」

「いったい、なにを言ってるんだ？　おまえは眠ってるんだぞ。ようするに、わたしの夢を見ているんだ。夢を見るのは、眠ってるときだけだろうが」

それはロバートも認めるしかなかった。だんだん、脳《のう》が筋肉痛《きんにくつう》をおこした気分になってきたけれど。

「わかったよ。狂った悪魔のアイデア、もうひとつだけ聞いてあげるよ。でも、それがすんだら、おしまいだよ」

数の悪魔はステッキをもちあげ、指をパチンと鳴らした。天井にはまた数があらわれた。

$$\frac{1}{2}+\frac{1}{3}+\frac{1}{4}+\frac{1}{5}+\frac{1}{6}+\frac{1}{7}+\frac{1}{8}+\cdots=$$

「さっきとおんなじじゃないか」。ロバートがさけんだ。「この級数だって、その気になれば、たし算できるよ。どの数も、前の数より小さい。だから、たぶん、また1になるんだ」

「そうかね。じゃ、もうちょっとよく見てみるか。最初の2つの分数をたしてごらん」

$$\frac{1}{2}+\frac{1}{3}$$

「いくらになるかね？」

「わかんない」。ロバートはつぶやいた。

「バカなふり、するな」。数の悪魔がしかった。「2分の1と4分の1じゃ、どっちが大きい？」

「2分の1だよ、もちろん」。ロバートは怒ってさけんだ。「ぼくのこと、クルクルパーだと思ってるの？」

「いやいや。では、もうひとつ答えてごらん。3分の1と4分の1じゃ、どっちが大きい？」

「もちろん3分の1だよ」

「よろしい。すると、この2つの分数は、どちらも4分の1より大きい。では4分の2は、いくらかな？」

「つまんない問題だね。4分の2は2分の1だよ」

「わかったかな。とすると、

$$\frac{1}{2}+\frac{1}{3} \quad \text{は、} \quad \frac{1}{4}+\frac{1}{4} \quad \text{より大きい。}$$

だったら、こんどはこの級数で、そのつぎの4つの分数を合計してごらん。すると、また、2分の1より大きな数になるぞ。ほら」

$$\frac{1}{4}+\frac{1}{5}+\frac{1}{6}+\frac{1}{7}$$

「ややっこしすぎるよ」とロバートがつぶやいた。

「どこが？」と数の悪魔がさけんだ。「4分の1と8分の1じゃ、どっちが大きい？」

「4分の1」

「5分の1と8分の1じゃ、どっちが大きい？」

「5分の1」

「そうだ。6分の1のときも、7分の1のときも、おんなじだ。つぎの4つの分数では、

$$\frac{1}{4},\ \frac{1}{5},\ \frac{1}{6},\ \frac{1}{7}$$

どれも8分の1より大きい。とすると8分の4は、いくらだ？」

ロバートはいやいや言った。

「8分の4は、ちょうど$\frac{1}{2}$」

「よし。すると、こんなふうになるだろ。

$$\underbrace{\frac{1}{2}+\frac{1}{3}}_{\frac{1}{2}\text{より大きい}}+\underbrace{\frac{1}{4}+\frac{1}{5}+\frac{1}{6}+\frac{1}{7}}_{\frac{1}{2}\text{より大きい}}+\underbrace{\frac{1}{8}+\frac{1}{9}+\frac{1}{10}+\frac{1}{11}+\frac{1}{12}+\cdots\frac{1}{15}}_{\frac{1}{2}\text{より大きい}}+\frac{1}{16}\cdots$$

こんな具合にやっていける。気の遠くなるまで、はてしなく。ほら、いいか、この級数じゃ、最初の6つの分数だけで、もう1より大きくなってる。いくらでも気のすむまで、先までやれる」

「もういいよ」

「そこで、もしも、この調子でどんどん加えていくと、……いや、だいじょうぶ、そんなことはしないから……答はどうなると思うかね？」

「たぶん無限に大きくなっちゃうよ」とロバートが言った。「あーあ、悪魔みたい！」

「大きくなるといっても、かなりゆっくりしたスピードでだが」と、数の悪魔が説明した。

「合計が最初に1000になるまでには、そうだな、気味が悪いくらい速く計算したとしても、世界の果《は》てに到着《とうちゃく》しておるだろう。ま、それくらいのろのろしたスピードでな」

「じゃ、もうおしまいにしようよ」と、ロバートが言った。

「じゃ、もうおしまいにしよう」

天井に書かれた文字と数字が、ゆっくり消えていった。音もなく老人の隊長も姿を消し、時間がすぎていった。ロバートは目をさました。太陽の光で鼻がくすぐったかったのだ。ロバートのひたいに手を当てて、お母さんが言った。

「よかった。熱がさがったわ！」

そのときロバートはもう忘れてしまっていた。1から無限まですべっていくのが、どんなに簡単なのか。また、どんなにゆっくりしたスピードなのか。

第10夜

雪片のマジック

雪のなかでロバートは、リュックサックの上にすわっていた。寒さが身にしみわたり、あいかわらず雪が降《ふ》っている。あたり一面、どこにも明かりはなく、家もなく、人影《ひとかげ》もない。ほんものの吹雪《ふぶき》だ。おまけに暗くなってきた。このままだと、「おやすみなさい」になっちゃうぞ。手の指はもうしびれてしまったみたいだ。ここがどこなのか、見当がつかない。もしかしたら北極《ほっきょく》？

凍《こお》って顔から血の気《け》がひいてきた。必死になって体をたたいて暖まろうとした。凍死《とうし》なんてしたくない！　だが同時に、もうひとりのロバートは気持ちよさそうに安楽椅子にすわって、ブルブルふるえているロバートのことをながめていた。とするとさ、自分のことも夢に見ることができるってわけか。ロバートは思った。

それから雪片《せっぺん》がますます大きくなった。外で寒さにふるえている、もうひとりのロバートの顔に吹きつけていた。ほんもののロバートはぬくぬくした椅子にすわったまま、雪が舞うのをながめていた。雪片の形っていろいろなんだな。ふわふわした大きな雪片は、全部ちがっている。たいていは6つの角か6本の放射線《ほうしゃせん》をもっていた。もっとよく見てみると、模様がくり返されている。六角形の星のなかにまた六角形の星があり、放射線はもっと小さな放射線に枝分《えだわ》かれし、ギザギザはまた別のギザギザをつくっていた。

そのとき、ロバートは肩をとんとんとたたかれ、聞きなれた声を耳にした。
「すばらしいだろ、雪片っていうのは」
数の悪魔が後ろにすわっていたのだ。
「ここ、どこなの？」
「ちょっと待て。明かりをつけてやろう」と、老人が答えた。

六角形の星のなかにまた六角形の星があり、放射線はもっと小さな放射線に枝分かれしている。「すばらしいだろ、雪片っていうのは」

突然、まぶしいほど明るくなった。ロバートは気がついた。映《えい》画《が》館《かん》にいるのだ。おしゃれで小さなホールだ。ふかふかのクッションのついた赤い椅子が2列に並んでいる。

「特別《とくべつ》試《し》写会《しゃかい》だ」と数の悪魔が言った。「おまえだけのための」

「凍《こご》え死《じ》んじゃうのか、って思ったんだから」とロバートがさけんだ。

「あれは映画のなかの話にすぎん。ほら、いいもの、もってきたぞ」

こんどは、ちっぽけな電卓なんかじゃなかった。緑色でもなければ、ぶよぶよでもなく、ソファみたいにバカでかくもなかった。色はシルバーグレーで、小さなディスプレイもついていて、開くこともできた。

「パソコンだ」とロバートがさけんだ。

「そうだ、ノート型《がた》だよ。キーをたたけば、すぐに全部、前のスクリーンに出てくる。それだけじゃない。このマウスを使えば、直接スクリーンに描くことだってできる。よかったら、はじめようか」

「でも、吹雪はやめてよ。北極で凍え死ぬくらいなら、計算でもするほうがましだ」

「フィボナッチ数でも打ってみるか」

「ああ、またフィボナッチだ！」とロバートはさけんだ。「ほんとに好きなんだね」

ロバートがキーをたたくと、スクリーンにはフィボナッチの数列があらわれた。

1, 1, 2, 3, 5, 8, 13, 21, 34, 55, 89…

「さて、これ、わってごらん」と老先生が言った。「となり合せの数をとって。大きい方を小さいほうでわる」

「うん、わかった」。ロバートはおもしろくなって、どんどんキーを打っていった。大きなスクリーンにはこんなふうに出てきた。

1÷1 = 1
2÷1 = 2
3÷2 = 1.5
5÷3 = 1.6666666666…
8÷5 = 1.6
13÷8 = 1.625
21÷13 = 1.615384615…
34÷21 = 1.619047619…
55÷34 = 1.617647059…
89÷55 = 1.618181818…

「すっごい」とロバートがさけんだ。「また、絶対に終わらない数だ。この18、堂《どう》々めぐりしてるよ。ほかの数でも、まるっきり、わけのわかんない無理数みたいなのがある」

「ああ。だがな、気がつかんかね、ほかのことにも」。そう言われて、ロバートはじっと考えてから、こう言った。

「この数は全部、大きくなったり、小さくなったりして、揺れてるんだ。2番目の数は1番目の数より大きくて、3番目の数は2番目の数より小さくて、4番目の数はまたちょっと大きくなって……。大きくなったり、小さくなったりを、ずっとくり返してる。でもさ、先に進むほど、揺れ幅《はば》が小さくなってるね」

「そういうことだ。どんどん大きなフィボナッチ数でやってみると、まんなかにある数に落ち着いていく。こんな数に、な」

1.618 033 989…

「だが、これでおしまいだと思うな。そこで出てくるのは、無理数で、絶対に終わらない。いくらでも近づくことはできるし、気のすむまで計算もできるが、絶対にその数にはならん」

「わかったよ」とロバートが言った。「フィボナッチ数って、いろんなことができるんだね。でもさ、どうしてなのかなあ、こういう特別な数のまわりで揺れて、大きくなったり小さくなったりするのは？」

「特別というほどでもないんだが」と老人が言った。「みんな、やってるんだよ」

「どういうこと、みんなって？」

「フィボナッチ数だけじゃない、ってことさ。ごく普通の数を2つ考えてみるか。思いついた数、2つ言ってごらん」

「17と11」とロバートがさけんだ。

「よし。それをたしてごらん」

「暗算でできちゃうよ。28」

「いいぞ。さて、これからどうなるか、スクリーンに出してやろう」

$$
\begin{aligned}
11+17&=28\\
17+28&=45\\
28+45&=73\\
45+73&=118\\
73+118&=191\\
118+191&=309
\end{aligned}
$$

「わかったよ」とロバートが言った。「で、どうするの、これから？」

「フィボナッチ数とおんなじことをする。わり算だ。わるんだ。さ、やってごらん」

スクリーンには、ロバートが打った数字があらわれた。こんな具合に。

$$
\begin{aligned}
17\div11&=1.545\,454\cdots\\
28\div17&=1.647\,058\cdots\\
45\div28&=1.607\,142\cdots\\
73\div45&=1.622\,222\cdots\\
118\div73&=1.616\,438\cdots\\
191\div118&=1.618\,644\cdots\\
309\div191&=1.617\,801\cdots
\end{aligned}
$$

「これも狂った数ばっかりだよ」。ロバートがさけんだ。「わかんないなあ。どんな数でも、こういうことできるの？　ほんとにいつも、こうなるの？　最初に好きな数を2つもってくれば、いいわけ？　どんな数でもいいの？」

「そうだ」と老先生が言った。「ところで、興味があるんなら、1.618……っていう数が、ほかにどんなことができるのか、教えてやろう」。スクリーンには、恐ろしいものが登場した。

$$1.618\cdots = 1 + \cfrac{1}{1 + \cfrac{1}{1 + \cfrac{1}{1 + \cfrac{1}{1 + \cfrac{1}{1 + \cfrac{1}{\cdots}}}}}}$$

「分数じゃないか」とロバートはさけんだ。「見ただけで目が痛くなっちゃう。おまけにさ、この分数、絶対に終わらないんでしょ。分数なんて、大きらいだ。ボッケル先生は分数が好きで、いつもぼくらをいじめるんだ。お願い、この怪物、どっかやっちゃって」

「そんなに騒ぐな、ただの連《れん》分《ぶん》数《すう》だよ。ただな、この狂った分数には、すばらしいところがある。どんどん小さくなっていく1だけから、1.618……を呼び出せるんだ。どうだ、降参したか」

「ああ、なんでも認めるよ。でも、分数だけはやめて。とくにさ、終わりにならない分数ってのは勘《かん》弁《べん》してよ」

「よかろう、ロバート。ちょっとおどろかせたかっただけなんだ。連分数がきらいなら、じゃ、ほかのことをやろう。これから五角形を描いてみよう」

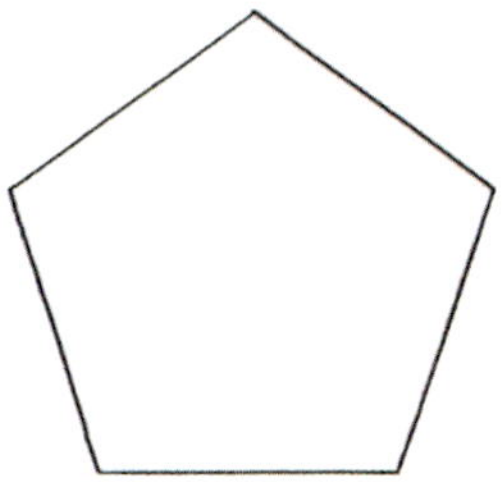

「この五角形、どの辺の長さも1だ」

「1って？」とロバートが、すかさずたずねた。「1メートルなの、1センチなの、それとも？　測《はか》ってみようか」

「そんなこと、どうでもよろしい」

ここで老人はまた、ちょっとムッとした。

「ま、五角形の各辺はちょうど1クァンである、としておこう。それでいいか。文句あるかね」

「ううん、いいよ」

「では、この五角形のなかに赤い線を引く」

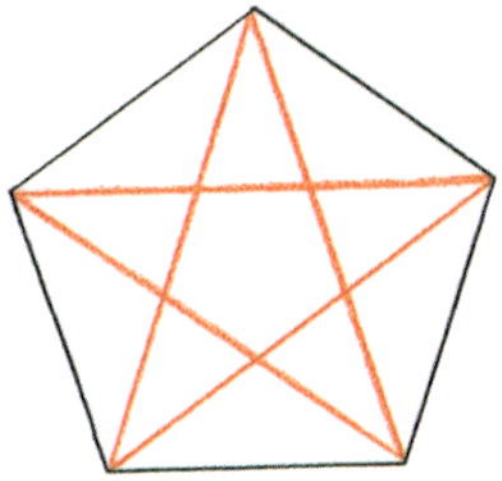

「五角星は5本の赤い線でできている。その線をどれか1本えらんでごらん。その長さはどうなっているか。ちょうど1.618……クァン。それ以上でも、それ以下でもない」

「すっごい。魔法みたい！」

ロバートは感心した。数の悪魔は、いい気持ちになってほほえんだ。

「ああ」と老人が言った。「それだけじゃない。よく見てごらん。五角星のところで、赤い2本の線の長さを測ってごらん。AとBって書いてある線分だ」

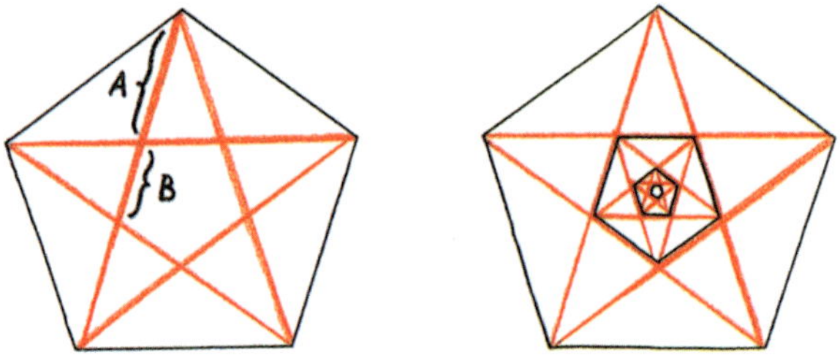

「AはBより、ちょっとだけ長いんだよね」

「苦労しないように、先に教えておいてやろうか。AはBのちょうど1.618……倍なんじゃ。さて、もちろんこの調子で、気が遠くなるくらいずうっと先まで、やっていける。この五角形は雪片とそっくりで、赤い五角星のなかにまた黒い五角形があって、黒い五角形のなかにまた赤い五角星があって……」

「それで、いつも、この虫の好《す》かない、わけのわかんない数が出てくるわけ？」

「そういうこと。まだ飽《あ》きてないなら……」

「ぜんぜん飽きてないよ」とロバートが言った。「なかなかおもしろいよ」

「じゃ、またノート型を使おう。虫の好かない数を打つんだ。さあ、読みあげるから」

1.618 033 989···

「よし、こんどはそこから0.5をひくと」

1.618 033 989...-0.5
=1.118 033 989...

「で、それを2倍する。そう、かける2だ」

1.118 033 989...×2
=2.236 067 978...

「うん。で、こんどは、その答をホップさせる。自分に自分をかけるんだ。ほら、x^2ってキーがあるだろうが」

$2.236067977...^2 = 5.000000000$

「5だ」。ロバートがさけんだ。「信じられない。どうしてこうなるの？　ぴったり5だ」
「そうだな」。数の悪魔がニヤニヤした。「また五角形があって、ギザギザ5つの赤い星があるからな」
「ほんとに悪魔みたい」
「では、これから星に結《むす》び目《め》をつくるとするか。線が交《まじ》わったり、重《かさ》なったりしておるところ全部に、コブみたいな大きな点で、結び目を書くんだ。ほら」

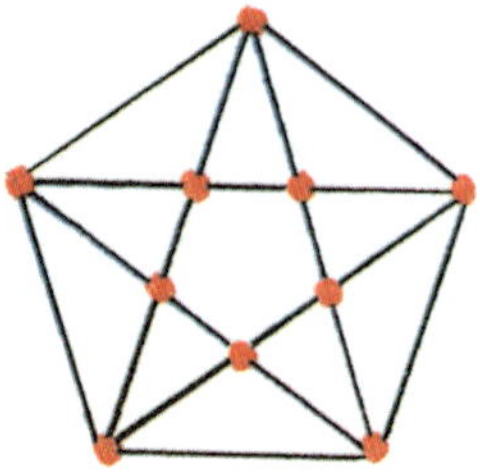

「いくつあるか、かぞえてごらん」

「10」と、ロバートが言った。

「こんどは白い面をかぞえてごらん」

かぞえてみると、11 あった。

「あとは線の数だ。2 つの点をつなぐ線の数は、全部でいくつかね？」

しばらく時間がかかった。かぞえているうちに、ごちゃごちゃになってしまったのだ。しかしようやく線の数が 20 だとわかった。

「ぴったりだ」。老人が言った。「さて、これから、ひとつ計算をしてみせるか」

$$10 + 11 - 20 = 1$$
$$(K + F - L = 1)$$

「点の数(K)と面の数 (F) をたして、線の数(L)をひいたら、答は 1」

「それがどうしたの？」

「もしかして、おまえ、五角星のことだけだと思ってるのかね。ちがう、ちがう。どんな図形でも、いつも、そう、いつも１になる。これがおもしろい。どんなにややっこしい図形でも、どんなに不規則《ふきそく》な図形でもだ。さあ、やってみるか。描いてごらん。よくわかるから」

ロバートはパソコンを渡されたので、マウスを使ってスクリーンに描いた。

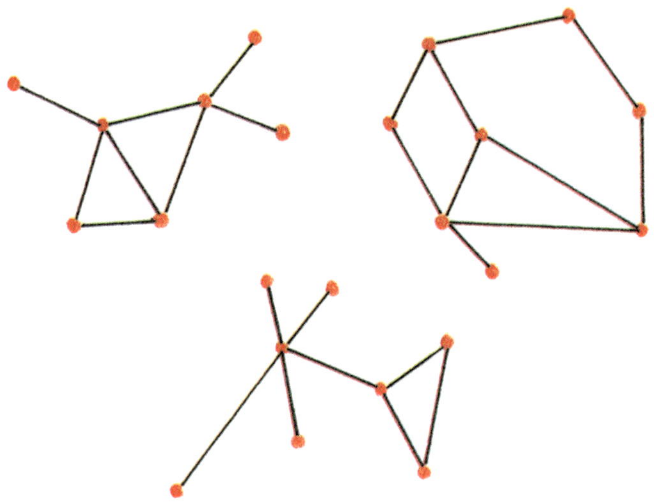

「計算はしなくていいぞ」と老人が言った。「もう、かぞえてしまったから。最初の図形は、点が７つ、面が２つ、線が８つ。とすると、７＋２－８＝１だろ。２番目の図形は、８＋３－10＝１。３番目は８＋１－８＝１。いつも答は１なんだ。

ところで、これは平面《へいめん》図形のときだけじゃない。サイコロや、ピラミッドや、カットしたダイヤモンドなんかでも、そうなんじゃ。ただし立体《りったい》図形のときは、答は1じゃなく、2なんだか」

「見てみたいな」

「ほうら、いまスクリーンに出てるのがピラミッドだ」

「それ、ピラミッドなんかじゃないよ」とロバートが言った。「三角形がいくつかあるだけだよ」

「ああ。だがそれを切って、折って、貼《は》ると、どうなるね？」

ノリもハサミもなかったけれど、すぐスクリーンに答があらわれた。

「こういう図形からでも、おんなじことが言えるんだ」。老人はスクリーンにいろんな形を描いた。

ほかのだったらなあ。ロバートは思った。ちがう形ならつくったことあるんだけど。「最初のはさ、サイコロになる。切って、折って、貼るとね。でも、あとの2つは……」
「こんな具合になる。まずこっちは、頭にもピラミッド、お尻《しり》にもピラミッドがくっついた二重ピラミッドができる。それからこれは、まったくおんなじ三角形が20個もあるボールみたいなのだ」

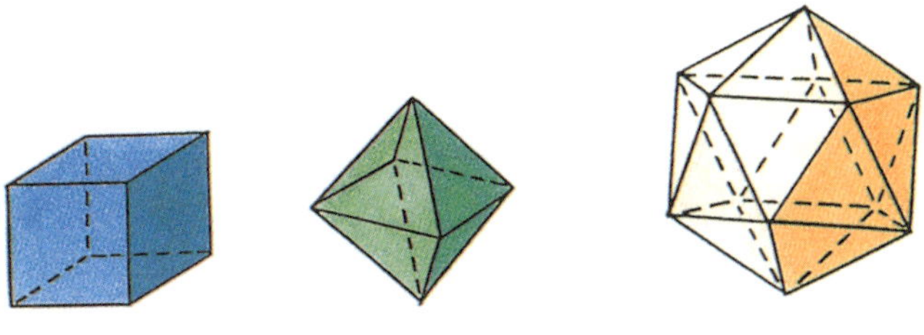

「五角形ばかりでボールみたいなのだって、できるんだぞ。なにしろ五角形というのは、悪魔のペットみたいなもんだから。紙に描くとこんなふうになる」

「で、これを貼りあわせれば、ほら、こうじゃ」

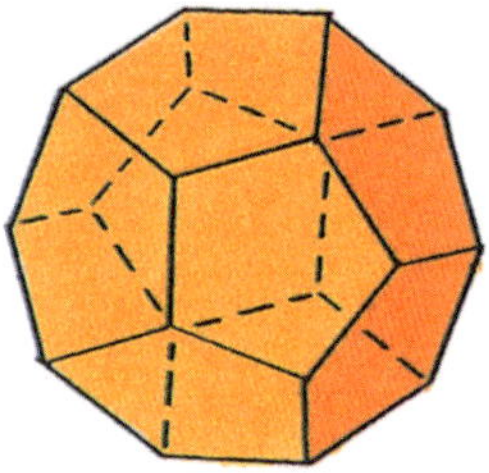

「あ、やるじゃない」とロバートが言った。「そういうの、ぼくも、つくれるかも」

「あとにしよう。それより、点と線と面のゲームにもどろう。まず、サイコロで考える。これが一番簡単だから」

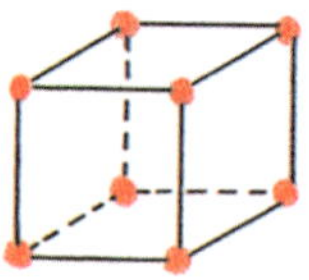

ロバートはかぞえた。点が8。面が6。線が12。

「8＋6－12＝2だ」

「そう、いつも2なんだ。どんなにゆがんでいても、どんなに複雑《ふくざつ》でも、いつも答は2と決まっている。点プラス面マイナス線イコール2。これが鉄則《てっそく》。いいか、よく聞け。おまえが紙でつくる立体だって、ママの指輪にくっついてるダイヤだって、2なんだ。たぶん雪片もな。しかし雪片は、数をかぞえているうちに、溶けちゃうけど」

終わりのほうになるにつれて、老人の声はどんどん弱々しくなっていった。綿のようになっていった。小さな映画館もすっかり暗くなって、スクリーンには雪が降りはじめた。だがロバートは心配しなかった。ちゃんとわかっていた。目の前がどんなにまっ白になっても、暖かい映画館にすわっているから、凍え死んだりするわけはないのだ。

目をさますと、雪のひさしの下じゃなく、白くて厚《あつ》い毛布のなかだった。毛布には、結び目の点も、黒い線もなかった。まともな面らしい面もなかった。だから、もちろん五角形でもなかった。そしてあの、かっこいいシルバーグレーのノート型パソコンもなくなっていた。

では、あの虫の好かない数はどうなったのか。1.6まではおぼえていた。けれどもそれから先は忘れてしまっていた。

我慢強くて、ハサミとノリを上手に使えるのなら、これまでのページで出てきた三角形や四角形や五角形のモデルを、自分でつくってみるのもいい。切り取った図形を貼りあわせるためには、もちろん、のりしろ用の小さな耳を描くのを忘れないようにね。

これまでのモデルを全部つくっちゃって、まだ元気でやる気があるのなら、特別にむずかしいのがあるけど、自分でつくってみるかい。ただし、ほんとうに我慢強くて、器用《きよう》じゃなくちゃ、できないよ。しっかりした大きな紙を用意しよう（最低で35×20cmはほしい）。ボール紙はだめ。その紙にね、次のページに描いてある図形を、できるだけ精確《せいかく》に描くんだ。三角形がたくさんあるけど、どの辺もぴったりおなじ長さでなくちゃ困《こま》る。長さは自分で決めたらいい。3cmとか4cmくらいでいいかな。それから、描いた図形を切り取る。そして、赤い線は定規で前のほうに折り、青い線は後ろのほうに折る。つぎに、それをノリで貼りあわせる。のりしろの耳Aは、aの三角形のところに、Bはbのところに、という具合にね。そうやっていくと、どんなのができるかな。10個の小さなピラミッドでできた輪ができるよ。ウソみたいだけど、ほんとうの輪だ。この輪は、前とか後ろにねじることができる（けど、ねじるときは気をつけてね）。そうやっていくと、新しい五角形と、ギザギザの五角星とが、くり返しあらわれる。それからさ、点（または角）の数(K)と、面の数(F)と、線の数(L)をかぞえたら、つぎの計算をやってみよう。

K＋F－L＝？

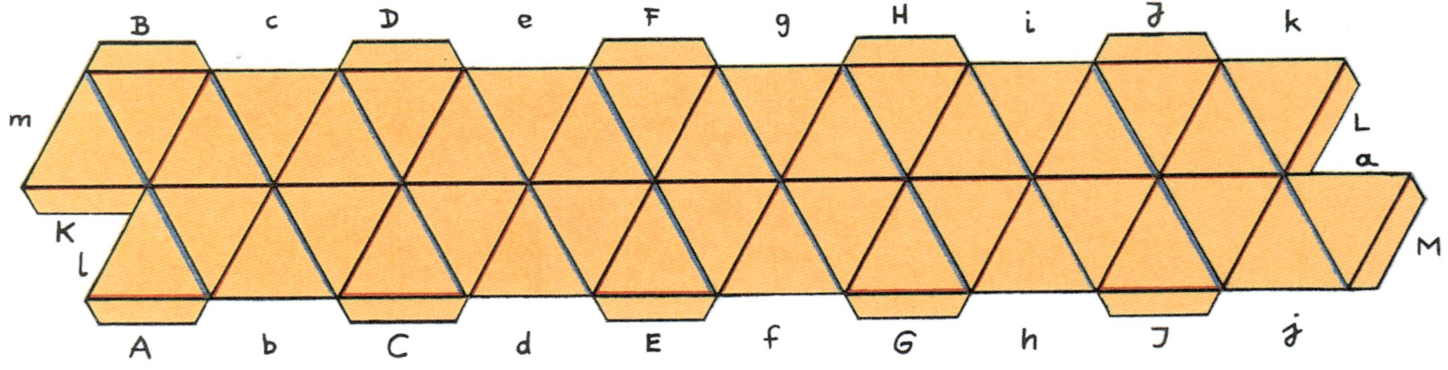
B
c
D
e
F
g
H
i
J
k
m
L
a
K
l
M
A
b
C
d
E
f
G
h
J
j

第11夜

証明はむずかしい

もう日がほとんど暮れていた。ロバートは町を大急ぎで走っていた。見おぼえのない広場や通りを、できるだけ速く横切《よこぎ》った。ボッケル先生が追いかけてくるのだ。ときどきすぐ後ろまで迫《せま》られたので、ボッケル先生がハアハア息をしているのが聞こえた。「待て！」とボッケル先生がさけんだ。ロバートはスピードをあげて、逃げるのだった。先生がどうしたいのか、自分がなぜ逃げているのか、ロバートには見当がつかなかった。けれども自信だけはあった。絶対につかまらないぞ。だって、先生、ぼくよりずっとデブだもの。

ロバートがつぎの通りの角にやってきたとき、左のほうからもうひとりボッケル先生がこちらに突進《とっしん》してくるのが見えた。信号が赤なのに、交差点《こうさてん》を猛《もう》スピードで横切ってくる。後ろからもロバートを呼んでいる声が聞こえる。

「ロバート、止まれ、逃げるな。がんばればいいじゃないか」

いまでは4人か5人のボッケル先生がロバートを追いかけている。横町《よこちょう》からも別の先生が追いかけてくる。どの先生も、どの先生も、みんなタマゴみたいに似ている。前のほうからも、ロバートに向かってきた。

ロバートは悲鳴をあげた。

骨《ほね》ばった手がのびてきて、ロバートを通りからガラス張《ば》りのアーケードへ連れていった。助かった！　数の悪魔だった。悪魔がロバートにささやいた。

「さあ。秘密のエレベーターがある。一番上の階まで行けるぞ」

エレベーターの壁は四方《しほう》が鏡《かがみ》になっていたので、目の前には無数の数の悪魔と少年がいた。少年はまぎれもなくロバート本人だった。そうなのか。ロバートは思った。相手は無数にいたんだ。

ともかく、外の通りのボッケル先生の声は聞こえなかった。まもなくロバートと数の悪魔は**51**階に着いていた。エレベーターのドアが音もなく開き、ふたりはすばらしい屋上《おくじょう》ガーデンに出た。

「あれは、ずうっとぼくの夢だったんだね」。ふたりがブランコ型のベンチに腰をおろしたとき、ロバートがそう言った。

下の通りには人だかりが見えた。上から見るとアリみたいだった。

「ぜんぜん知らなかったよ、ぼく。こんなにたくさんのボッケル先生がいたなんて」

「だがもう心配無用《しんぱいむよう》。だいじょうぶ」と老人が言った。

「これ、たぶん、夢のなかだけのことなんだ」とロバートがつぶやいた。「助けに来てくれてなかったら、なにがなんだか、わからないままだったよ」

「そんなときのために、わたしがおるんだよ。ともかく、ここなら、だれにも邪魔されないから。どうしたんだ？」

「この**1**週間、このまえの夢からだけど、ずっと考えてたんだ。教えてもらったことが、どんなふうにつながって

「ぜんぜん知らなかったよ、ぼく。こんなにたくさんのボッケル先生がいたなんて」――「だがもう心配無用。だいじょうぶ」と老人が言った。

るのか。トリックをいっぱい教えてもらった。それはいいんだけどさ、でも、どうしてなのか、わかんないんだ。トリックでなにか出てくるでしょ、それって、どうして出てくるの？　たとえば、あの虫の好かない数1.618……は？　それから5は？　どうしてウサギは、フィボナッチ数のこと、知ってるみたいに子どもをつくるの？　わけのわかんない無理数って、どうして絶対に終わらないの？　それから さ、悪魔の言うこと、どうしていつも正しいわけ？」

「ああ、なるほど」と数の悪魔が言った。「数と遊ぶだけじゃいやなんだな。どんなことが隠されてるか、知りたいのか。ゲームの規則《きそく》とか、全体の意味を。いいかえれば、おまえの質問は、ほんものの数学者の質問とおんなじだな」

「数学者なんて、どうでもいいけどさ。ようするにぼくにはいつも見せてくれるだけで、証明はしてくれないじゃないか」

「そうだ」と老先生は言った。「悪かったな。でも、仕方ないんだよ。見せるのは簡単で、たのしい。こうだろうと推測《すいそく》するのも、悪くはない。推測が当たってるかどうか、実験するのも、なお結構。そういうことは、これまでずいぶんやってきた。だが残念ながら、それだけでは十分ではない。問題は証明なんだ。おまけにおまえは、全部を証明してもらいたいんだろ」

「うん、そうだ。教えてもらったもののなかで、すぐにわかったものもあるよ。でもさ、どんなふうにそうなるのか、なぜそうなるのか、どうしてそうなるのか、わかんないのもある」

「ようするに、不満《ふまん》なんだ。よろしい。もしかして、お

まえ、わたしのような数の悪魔が、これまでの発見に満足しているとでも思っておるのかね。ちがう。とんでもない。だからこそ、あいかわらず悪魔たちが、新しい証明のことで頭を悩ましてるんだ。しつこく、どこまでも、あれこれ、永遠《えいえん》に考えつづけて。そうやってようやく光が見えてきたときには、そう、大喜びする。幸せだと思う。もっとも喜びは長続きはしない。数学じゃ、百年なんて、あっというまのことなんだよ」

「大げさだなあ。そんなにむずかしくないんでしょ、証明って」

「わかってないな。わかったぞと思いこんでいても、突然、目をこすってよく見てみると、具合の悪い点に気づいてしまうもんなんじゃ」

「たとえば？」

「ホップすること。2から2×2へ、2×2から$2\times2\times2$へホップするのは簡単。もうそれだけで、おまえはわかったつもりになってるのだろ」

「ああ、そうだよ。2^1、2^2、2^3となってくからね。朝飯前だよ」

「ああ。だがな、0回ホップするとなると、どうかね。1^0、8^0、100^0の答、わかるか。教えてやろうか。笑うだろうが、いつも答は1なんだ」

$$1^0 = 1,\ 8^0 = 1,\ 100^0 = 1$$

「どうしてそうなるの？」とロバートは、あっけにとられてたずねた。

「いや、たずねるんじゃない。わたしは証明してみせたいんだ。だがな、証明をはじめると、おまえの気がおかしくなっちゃうんじゃないかね」

「じゃ、やってみせてよ」とロバートは、怒ってさけんだ。

だが老人は落ち着いて、こう言った。

「急流をな、渡ろうとしたこと、あるかね？」

「ああ、それなら知ってるよ」と、ロバートはさけんだ。

「泳ぐことはできない。すぐに流されてしまうからな。だが川のまんなかに、大きな石がいくつかある。そんなとき、どうするかね？」

「離《はな》れていない石をさがす。石から石へ跳んでいけるから。うまくいくと、渡れるし、だめなら、じっとそこにいる」

「証明もそれとそっくりなんだ。川を渡ろうとして、もう何千年もまえからあらゆることをやってきた。だから、最初からはじめる必要はない。頼《たよ》りにしてもいい石も無数にある。何百万回となく実験されてきた石だ。ツルツルすべったりしないし、おまえが乗っても沈《しず》まない。だから、しっかりした足場《あしば》になる。さて、なにか新しいアイデアが浮かんだとする。なにかを推測する。そしたら、しっかりした足場となる石はないか、さがしはじめる。それが見つかれば、跳ぶ。向こう岸にたどりつくまで、それをくり返す。用心してやれば、足がぬれることはない」

「なるほど」とロバートは言った。「でもさ、数とか、五角形とか、ホップの場合、いったいどこに、ここならだいじょうぶっていう岸があるわけ？」

「いい質問だ」と数の悪魔が言った。「岸というのはな、いくつかの公理《こうり》のことだ。これ以上簡単には言えない、っていうくらい簡単な文章のことだ。そこにたどりつけば、おしまいになる。それが証明というわけだ」

「じゃ、どういう文章が公理なの？」

「そうだな、たとえば、こういうのだ。14でも140億でもいいが、自然数には、それにつづく数が1つだけある。それを見つけるには、1を加えればいいわけだ。それから、こんな公理もある。点は分けられない。広がりがないからである。また、こんな公理もある。1平面上の2つの点を通る直線は1本だけであり、その直線は2つの方向に無限にのびる」

「それ、わかるよ」とロバートが言った。「そのいくつかの公理から、どんどん石を跳んでって、虫の好かない数やフィボナッチ数が出てくるわけでしょ」

「簡単にな。おまけに、もっといろんなことができるんだ。ただし跳ぶときには、いつも用心が必要だ。目を皿のようにして。急流を渡るときとおんなじでな。石と石がずいぶん離れていることもある。そんなときは、跳ぶわけにはいかない。それなのに跳ぼうとすれば、川に落っこちてしまう。回り道をして、たくさんの角をまがって、はじめて先に進めることも、よくあるんだ。だが、まるで進めないこともある。そんなとき、なかなか魅力的なアイデアがひらめくかもしれない。しかし、それがしっかりした足場だということが証明できない。また、いい考えだと思っていたのがそうでないとわかる場合がある。最初の授業で、おまえ、どんなことやったか覚えてるか。すべての数字が

「跳ぶときには、いつも用心が必要だ。目を皿のようにして」と老先生が言った。「石と石がずいぶん離れていることもある。それなのに跳ぼうとすれば、川に落っこちてしまう」

1から魔法のように呼び出せるというやつだが」

$$1 \times 1 = 1$$
$$11 \times 11 = 121$$
$$111 \times 111 = 12321$$
$$1111 \times 1111 = 1234321$$

「というふうにな。ところが、こういう具合にどんどんやっていけるように、思えた」

「うん。で、ちょっとおかしいとこがある、ってぼくが言うと、悪魔、ずいぶん怒ったよね。怒らせたかったから、ああ言っただけなんだけど。じつは、ぼく、チンプンカンプンだったんだ」

「だが、おまえは勘《かん》がよかった。計算をつづけていくと、なんと、ほら、こういう式で、わたしは川に落っこちてしまった」

$$1\,111\,111\,111 \times 1\,111\,111\,111$$

「突然、答がサラダみたいに、ぐじゃぐじゃの数字になった。そうだったな。あのトリック、なかなかいいと思っていたが、結局《けっきょく》、証明なしじゃ、どうにもならんのだ」

「うん、猿《さる》も木から落ちる。抜け目のない数の悪魔も、川に落っこちる。そういえばジョニー・フォン・ムーンという悪魔がいてな、あるとき、すばらしいアイデアを思いつき、それを公式にした。どんなときにもその公式でやれると思ったわけだ。気狂いのように公式を何十億回とためしてみたが、いつもピッタリ合った。大型コンピューターで死ぬほど計算した。虫の好かないあの数1.618……よりも、はるかに、はるかに詳《くわ》しくな。当然、悪魔のジョニーは、その公式に自信をもった。そして満足して、椅子に腰をおろした。

だが、それは長くつづかなかった。名前は忘れてしまったが、数の悪魔がもうひとり登場したんだ。その悪魔が、ジョニーよりももっと詳しく、もっと先まで計算した。すると、どうなったと思うかね。ジョニー・フォン・ムーンはまちがっていた。そのすばらしい公式は、ほとんどいつもうまくいったのだが、いつもではなかった。＜ほとんどいつも＞ではあったが、＜完全にいつも＞ではなかった。ああ、かわいそうに、とんだ災難《さいなん》にあったわけだ。ところで素数の話もしていたな。素数は、見かけよりも手ごわい。だから証明となると、悪魔も手を焼くほどむずかしい」

「ぼくもそう思うよ」とロバートが言った。「あんなケチなパンが問題のときだって、そうなんだからさ。たとえば、これこれのパン屋が気が遠くなるほどたくさんのパンを焼きあげるまでには、どうして、これこれの時間がかかるのか、って問題のときにだよ、ボッケル先生、くどくど言うから、ぼくら、ほんとに頭に来ちゃうんだけど、手品《てじな》みたいな悪魔の問題とくらべると、やっぱり退屈しちゃうね」

「そういう言い方、ないだろう。ボッケル先生は、来る日も来る日も、おまえたちの宿題を見なくちゃならんから、うんざりしてるんだよ。悪魔にはカリキュラムなんてないから、好きなように気のむくまま、石から石へ跳んでるけれど、ボッケル先生にはそんな暇がない。ほんとに気の毒なことだ。ところでボッケル先生、宿題のノートをチェックするため、家に帰ったらしい」

ロバートは通りを見おろしてみた。実際、通りには物音ひとつ、人影ひとつなかった。

「仲間のなかには」と老先生が言った。「ボッケル先生より、ずうっと苦労している悪魔がおる。たとえば、わたしの同僚《どうりょう》で、年配《ねんぱい》のイギリス人のラッセル卿《きょう》は、あるとき、1＋1＝2を証明しようと決心した。ほら、この紙切れに写しておいたが、これがラッセル卿のやった証明じゃ」

$*54{\cdot}42.\ \vdash :: \alpha \in 2 . \supset :. \beta \subset \alpha . \, !\beta . \beta \neq \alpha . \equiv . \beta \in \iota``\alpha$

<u>Dem.</u>

$\vdash . *54{\cdot}4 . \supset \vdash :: \alpha = \iota`x \cup \iota`y . \supset :.$

$\beta \subset \alpha . \exists ! \beta . \equiv : \beta = \Lambda . \vee . \beta = \iota`x . \vee . \beta = \iota`y . \vee . \beta = \alpha : \exists ! \beta$

$[*24{\cdot}53{\cdot}56 . *51{\cdot}161] \quad \equiv : \beta = \iota`x . \vee . \beta = \iota`y . \vee . \beta = \alpha \quad (1)$

$\vdash . *54{\cdot}25 . \mathrm{Transp} . *52{\cdot}22 . \supset \vdash : x \neq y . \supset . \iota`x \cup \iota`y \neq \iota`x . \iota`x \cup \iota`y \neq \iota`y :$

$[*13{\cdot}12] \supset \vdash : \alpha = \iota`x \cup \iota`y . x \neq y . \supset . \alpha \neq \iota`x . \alpha \neq \iota`y \quad (2)$

$\vdash . (1) . (2) . \supset \vdash :: \alpha = \iota`x \cup \iota`y . x \neq y . \supset :.$

$\beta \subset \alpha . \exists ! \beta . \beta \neq \alpha . \equiv : \beta = \iota`x . \vee . \beta = \iota`y :$

$[*51{\cdot}235] \quad \equiv : (\exists z) . z \in \alpha . \beta = \iota`z :$

$[*37{\cdot}6] \quad \equiv : \beta \in \iota``\alpha \quad (3)$

$\vdash . (3) . *11{\cdot}11{\cdot}35 . *54{\cdot}101 . \supset \vdash . \mathrm{Prop}.$

$*54{\cdot}43 . \vdash :. \alpha, \beta \in 1 . \supset : \alpha \cap \beta = \Lambda . \equiv . \alpha \cup \beta \in 2$

<u>Dem.</u>

$\vdash . *54{\cdot}26 . \supset \vdash :. \alpha = \iota`x . \beta = \iota`y . \supset : \alpha \cup \beta \in 2 . \equiv . x \neq y .$

$[*51{\cdot}231] \quad \equiv . \iota`x \cap \iota`y = \Lambda .$

$[*13{\cdot}12] \quad \equiv . \alpha \cap \beta = \Lambda \quad (1)$

$\vdash . (1) . *11{\cdot}11{\cdot}35 . \supset$

$\vdash :. (\exists x, y) . \alpha = \iota`x . \beta = \iota`y . \supset : \alpha \cup \beta \in 2 .$

$\equiv . \alpha \cap \beta = \Lambda \quad (2)$

$\vdash . (2) . *11{\cdot}54 . *52{\cdot}1 . \supset \vdash . \mathrm{Prop}.$

「うひゃ！」ロバートは身ぶるいした。「ぞっとするね。こんなことして、なんの役に立つの？　1＋1＝2なんて、ぼくだって知ってるのに」

「ああ。ラッセル卿だって知ってたよ。だが、もっときちんと知りたかった。で、こういうことになったわけだ。

ところで、1＋1＝2とおんなじくらい簡単そうに見えるけれど、解くのが恐ろしくむずかしい問題が、たくさんある。たとえば旅人の問題だ。アメリカに行くとしよう。そこには25人の知り合いがおる。みんな別々の町に住んでいるのだが、ひとり残らず訪問したい。地図をひろげて、どういうふうに訪問するのが一番いいか、考えてみる。できるだけ短い距離《きょり》でな。時間もガソリンも節約《せつやく》するためだ。どういうのが最短のルート（経路《けいろ》）か。どうすれば一番いい旅になるか。

簡単そうに思えるだろう。しかしこの問題には、たくさんの悪魔が手こずってきた。一番頭のいい数の悪魔たちも、クルミみたいに堅くてがんこなこの難問を解こうとしたんだが、まともに歯が立たん」

「どうして？」とロバートはおどろいた。「そんなにむずかしくないんでしょ。何通りあるか、ちょっと考えて、それをカードに書き出して、どれが最短《さいたん》のルートか計算すればいいんでしょ」

「なるほど」と老人が言った。「いわば、25個の結び目をもったネットを考えるわけだな」

「そうだよ、もちろん。2人の友だちを訪問するなら、ルートはAからBの1通りだけ」

「2通りだぞ。BからAへ、逆の順にも訪問できるだろ」

「でも距離はおんなじでしょ」とロバートが言った。「友だちが3人の場合は？」

「もう、6通りになる。ほら」

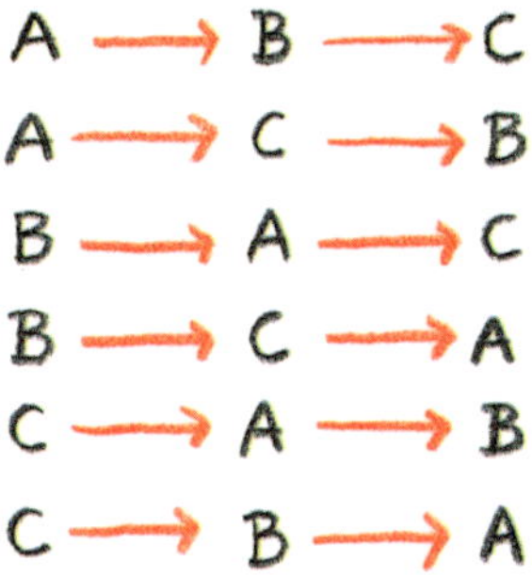

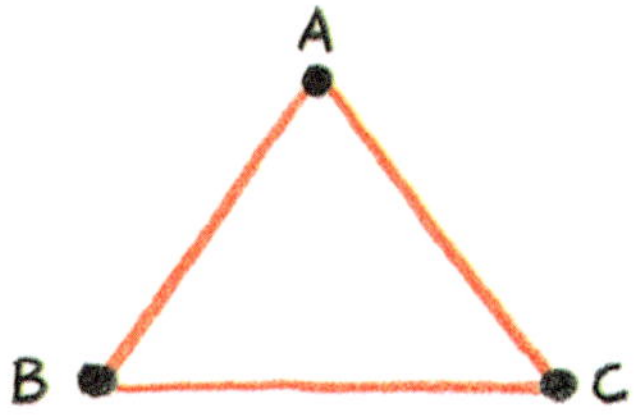

「ところでこのルート、みんなおんなじ長さだが、4人になると、もう大変」

「うん」とロバートが言った。「これを全部かぞえるのか。いやだよ、ぼく」

「24通りもあるからな」と数の悪魔が言った。「どうだ、これ、クラスの席替《せきが》えによく似てるだろう。アルバートや、ベッティーナや、チャーリーなんかがどうすわるか。ほんとうにいろんなすわり方があったから、もうごちゃごちゃになってしまったが」

「そうか、わかったぞ」とロバートが言った。「生徒が3人だと、＜3のびっくり＞通りだ。4人になると、＜4のびっくり＞通り……」

「旅人の問題も、そっくりなんだ」

「じゃ、どうして解けないの？　ルートが何通りあるか計算して、そのうちの最短ルートをさがせばいいだけでしょ」

「ほほう」と老人はさけんだ。「そんなに簡単ならな。だが25人の友だちがいるってことは、＜25のびっくり＞通りあるってことで、それはそれは恐ろしい数だ。ほら、だいたい、これくらいだ」

1 600 000 000 000 000 000 000 000 0

「これを全部ためしてみて、どれが最短ルートか、たしかめられるかい。世界最大《せかいさいだい》のコンピューターだって、最後までは計算しきれんのだよ」

「ということは、できないわけか」

「そういうことだ。ずうっと考えてきたんだけどね。もっとも抜け目のない数の悪魔だって、ありとあらゆるトリックを使ってやってみた。だが結局、うまくいくときもあれば、うまくいかないときもある、という結論になった」

「残念だね」とロバートが言った。「うまくいくときもあ

る、だけじゃ、半分しか解けてないわけだもんね」
「しかも、もっと厄介《やっかい》なことに、まだきちんとした証明ができてない。つまり、完全な解《かい》はどこにも存在しない、ってことが証明されていない。それさえ証明されれば、ちょっとはちがってくる。だって、それ以上努力しなくていいわけだからな。つまり、＜証明できない＞ってことを少なくとも証明したことになるわけで、結局、そういうのだって、一種の証明だからね」
「ふーん」とロバートが言った。「数の悪魔だって、できないことがあるのか。ちょっと安心したな。いつでも好きなときに魔法が使えるのかと思ってたけど」
「そう見えるだけじゃ。わたしだって、川が渡れないことが何度もある。そんなときは、靴《くつ》をぬらさず、以前のしっかりした岸にもどれただけでも、うれしい。さいわい、わたしは大物《おおもの》の悪魔じゃない。だがな、数の悪魔でも巨匠《きょしょう》となると、事情《じじょう》がちがってくる。そのうちおまえも何人かの巨匠と会うことになるかもしれないが、数学というのは奥の深いもので、さいわいなことにと言うべきか、終わりがない。まだまだやることがある。というわけで、ロバート、今晩《こんばん》はこれで失礼するぞ。あしたは朝から、多面体《ためんたい》の表面《ひょうめん》の単体《たんたい》アルゴリズムにとりかかるつもりなんで……」
「なに、それ？」
「ごちゃごちゃをスッキリさせる最高の方法なんだ。だから、しっかり眠っておかんと。じゃ、もう帰るぞ。おやすみ」
数の悪魔は姿を消した。悪魔がすわっていたブランコ型のベンチは、まだかすかに揺れていた。多面体の表面……

って、いったい、なんなんだろう。ま、いいや。ロバートは思った。どっちにしてもボッケル先生のことなんか、こわがる必要はないんだ。追いかけてきたら、きっと数の悪魔が助けてくれるさ。

暖かい夜だった。屋上ガーデンでひとり夢を見るのは、気持ちよかった。ロバートはブランコ型のベンチにすわったまま、ずうっと揺れていた。夜が明けて、日がのぼるまで、もうなにも考えなかった。

第12夜

ピタゴラスの宮殿

ロバートはもう夢を見なくなった。巨大な魚にのみこまれることもなくなったし、アリが脚にのぼってくることもなかった。ボッケル先生にも、うんざりするほどいるボッケル先生の分身《ぶんしん》にも、わずらわされることもなかった。すべり落ちることも、地下室に閉じこめられることも、寒さに凍えてしまうこともなかった。ひとことで言えば、これまでになくぐっすり眠ったのだ。

結構なことだった。でも長くつづくと、ちょっと退屈だった。いったい、数の悪魔、どうしちゃったんだろう。いいアイデアを思いついたけど、証明できないのかもしれないな。ええっと、多面表面体って言ってたっけ、その問題にはまっちゃったのかな。

夢からさめろ、ってことだったのかもしれない。そうだとしたらロバートは気にいらなかった。お母さんも不思議がってるくらいだ。なにしろロバートは、何時間も庭にすわって、点とルートの網《あみ》をしきりに紙に書きなぐっている。アメリカに友だちなんてひとりもいないのに、アメリカの友だち全員を順番に訪問するのに、一番簡単な方法を見つけだそうとしているのだから。

「宿題でもやったらどうなの」という声が、そんなとき飛んできた。

数学の時間に紙を1枚、ベンチのしたに隠そうとしたとき、ボッケル先生に見つかってしまったこともある。
「なんだ、それ？　ロバート、見せなさい！」
しかしロバートはもう、いろんな色を塗って紙いっぱいに描いたパスカルの三角形を、くしゃくしゃに丸めて、友だちのチャーリーに投げていた。チャーリーなら信頼《しんらい》できる。ばれないよう、実際、ちゃんとやってくれた。
ある夜のこと、ロバートはやはり夢も見ずにぐっすり眠っていた。だから部屋のドアをだれかがガンガンたたいても、まるで気がつかなかった。
「ロバート！　ロバート！」
かなりたってから、ロバートは目をさまし、ベッドからとび起きた。数の悪魔だったのだ。
「やっと来てくれたんだ。さびしかったよ」

「さ、急いで」と老人が言った。「いっしょに行こう。招待状《しょうたいじょう》が来たぞ、おまえに。ほら」
悪魔はポケットから、金ぶちのカードをとりだした。文字が彫《ほ》ったみたいに印刷《いんさつ》されている。ロバートは読んだ。

招待状
今夜
数の悪魔
テプロタクスル
の弟子
ロバート
を、数の地獄／数の天国の大晩餐会に
ご招待します。
事務総長

サインはうず巻《ま》きみたいで読めなかった。ペルシア語かアラビア語のようだ。

ロバートは大急ぎで服を着た。

「あれっ、テプロタクスルっていうの、悪魔の名前？　どうして自分の名前、教えてくれなかったの？」

「数の悪魔の名前はな、メンバーにしか教えんのだ」と老人が答えた。

「じゃ、ぼくもメンバーになったわけ？」

「まあな。メンバーでなかったら、招待状なんか来んだろうが」

「おかしいなあ」とロバートがつぶやいた。「これ、どういうことなの？　数の地獄／数の天国、って書いてあるけど。どっちか一方だけでしょ」

「おお、それはな、数の楽園でも、数の地獄でも、数の天国でも、結局はおんなじなんだ」

悪魔は窓のところに行って、大きく開いた。

「いまにわかる。用意はいいか？」

「うん」とロバートは言った。なんだか気味が悪かったけれども。

「では、わたしの肩につかまるんだ」

ロバートは心配になった。背負《せお》ってもらうには、ぼく、重すぎるんじゃないかな。数の悪魔は細くて小さいし、弱そうだからね。しかしロバートは、言われるようにした。すると、どうだ。ロバートが老人の肩につかまるやいなや、この老先生、ものすごい勢いで窓から外に飛んでいった。

こういうことって、夢のなかでしかないことだな。ロバートは思った。

でも、いいじゃないか。エンジンなしで空を飛ぶなんて、すごく気持ちがいい。シートベルトだって締《し》めなくていいし、バカみたいなことを言うスチュワーデスもいない。あのお姉《ねえ》さんたち、ぼくのこと3歳だと思っているのか、いつもプラスチックのおもちゃや落書《らくが》き帳《ちょう》を押しつけてくるからな。音も立てずに飛んでいた数の悪魔は、しばらくして、大きなテラスに静かに着陸した。

「さ、着いたぞ」。そう言って、ロバートをおろした。

目の前には、大きくて豪華《ごうか》な宮殿《きゅうでん》が、まぶしく輝いていた。

「あれ、招待状、どうしたのかな。家に忘れてきちゃったみたい」

「心配はいらん」と老人が言った。「ほんとうに入りたいなら、だれでも入れる。しかし、数の楽園がどこにあるのか、知られておらん。だから、ここまで来る者は、ごくわずかでな」

実際、玄関の大きな両開きの扉《とびら》は開いたままで、だれで

ロバートが肩につかまるやいなや、数の悪魔は、ロバートを背中に乗せて飛んでいった。こういうことって、夢のなかでしかないことだな。ロバートは思った。

も入ることができた。

中に入ってみると、聞いたことも見たこともないほど長い廊下《ろうか》がつづいていて、いくつもいくつもドアがあった。たいていのドアは半開《はんびら》きか、大きく開いたままだった。

ロバートは最初の部屋を興味深そうにながめた。テプロタクスルは人さし指を口にあてて、「しいっ」と言った。そこにすわっていたのは、まっ白な髪《かみ》と長い鼻の、ものすごい高齢《こうれい》の老人だった。ひとりでしゃべっている。

「すべてのイギリス人はウソつきである。だが、それを言っているのが私であるとすれば、どうなるか？　なにしろ私はイギリス人なのだ。とすれば、私もウソをついていることになる。だが、そうなると、さっき私は『すべてのイギリス人はウソつきである』と言ったが、それがホントウではないことになる。だがイギリス人がホントウを言うのなら、さっき私が言ったことも、ホントウでなくてはならない。とすれば私たちがウソをついていることになる！」

ひとりでブツブツ言いながら、その老人は部屋のなかをちょこちょこ歩きまわっている。

数の悪魔がロバートに合図して、ふたりは先へ進んだ。

「あれがな、かわいそうなラッセル卿じゃ」と、悪魔が説明した。「ほら、あの、1＋1＝2を証明した人だ」

「あの人、ちょっとおかしいの？　無理ないよね、あんな齢《とし》だもん」

「とんでもない！　おっそろしく頭脳明晰《ずのうめいせき》なんだぞ。それにな、ここじゃ簡単に年寄りだなんて言うんじゃない。ラッセル卿はこの建物じゃ一番若いんだ。まだ150歳にもなっておらん」

「じゃ、この宮殿には、もっと年寄りの人がいるわけ？」
「いまにわかる」とテプロタクスルが言った。「数の地獄、つまり数の天国ではな、死ぬということがないんだ」
ふたりは、大きく開いたままの、つぎのドアにやってきた。その部屋では、男がひとりでじっとすわっていた。あまりにも小柄なので、ロバートはずいぶんさがしてから気がついたほどだ。部屋には奇妙なモノがいっぱいあった。大きなガラスのパンがいくつかあった。食べられないし、変な形だけど、ボッケル先生なら、気にいるだろうな。ロバートは思った。ほんとうにこんがらがっていて、いくつも穴があいている。それから緑色のガラスのビンもあった。

「よおく見てごらん」と、数の悪魔がロバートの耳もとにささやいた。「このビンはな、内側と外側の区別がつかない」
ロバートは思った。そんなの、ありかよ。そんなビン、夢のなかだけの話だろ。
「内側を青に、外側を赤に塗ろうと考えてごらん。ところが、できないんだな、それが。内と外との境《さかい》がないからだ。赤く塗った面がどこで終わって、青の面がどこではじまるか、まるでわからん」

「そのビン、この小柄な人が考え出したの？　この人なら、自分のつくったビンのなかに入っても、窮屈じゃないだろうな」

「しいーっ、大きな声を出すな。知らんのかね、この人の名前。クライン博士だよ。クラインはドイツ語で＜小さい＞という意味だろ。さ、先へ行くか」

ふたりはたくさんのドアの前を通り過ぎていった。いくつものドアには、ボール紙の札《ふだ》がぶらさがっていて、「邪魔しないで！」と書かれていた。大きく開いたままのドアのところで、ふたりは立ちどまった。部屋の壁も家具も、こまかなホコリでおおわれていた。

「これは特別のホコリでな」とテプロタクスルが言った。「このホコリには、かぞえられんほどたくさんの小さな粒《つぶ》がつまっている。しかも、1本の針の先にあるホコリをとったとすると、そのわずかなホコリのなかに、この部屋の全部のホコリがつまっている。とんでもない話だが。ちなみにこのカントル教授《きょうじゅ》が、このホコリを考え出した。カントルというのはラテン語で＜歌手《かしゅ》＞という意味じゃ」

その部屋に住むカントル教授は、先のとがったあごひげをたくわえ、刺《さ》すような目をした、青白い顔の紳士だったが、実際、ひとりで歌っていた。

「無限かける無限は無限」。そう歌いながら、神経質《しんけいしつ》に輪を描いて踊っていた。「超無限《ちょうむげん》かける無限は超無限」

さ、先へ急ごう。ロバートは思った。

友人の悪魔がとなりのドアをていねいにノックすると、「どうぞ」と愛想よく言われた。

テプロタクスルの言ったとおりだな。この宮殿に住んでる人は、みんな、すごい年寄りだ。それとくらべりゃ、数の悪魔なんか若僧《わかぞう》みたいなもんじゃないか。ところが、いま目の前にいるふたりの老人は、とても元気がよさそうだ。ひとりは、大きな目をしていて、かつらをかぶっている。

「さ、どうぞ。あたし、オイラーです。こっちがガウス教授」

もうひとりのほうは、きびしい表情をしていて、紙からほとんど目をあげなかった。ロバートは、あまり歓迎《かんげい》されていないような気分になった。

「あたしたちね、ちょうど素数の話、してたんですよ」と、愛想のいいほうが言った。「もちろん、ご存じでしょ。これ、じつに興味深いテーマでして」

「はい」とロバートが言った。「どう扱《あつか》えばいいか、わかんないんですよね」

「そうだよね。だがね、同僚たちと協力して、なんとかしたいと思ってるんだよ。素数の素性《すじょう》を見破れないものか、と」

「あのう、ガウス教授は、どういうこと、なさってるんでしょうか？」

だが、こちらのほうは、なにを考えているのか、さっぱり教える気がなかった。

「ガウスさんは、きわめて不思議な発見をなさった。まったくもって新しい数の研究でね。あれ、なんて名前でしたっけ？」

「i《アイ》だ」。きびしい目つきのまま、そう言ったのが、最初で最後の言葉だった。

「虚数《きょすう》だ。想像上の数なんだよ、ロバート」と、テプロタクスルが説明した。「いやはや、先生方、どうもお邪魔いたしました」

こうしてふたりは進んでいった。フィボナッチの部屋も、ちょっとのぞいてみた。ウサギがうじょうじょいた。それから、ほかの部屋もいくつものぞいていった。インディオが、アラビア人が、ペルシア人が、インド人が研究し、おしゃべりし、眠っていた。先の部屋にいくほど、ますます年寄りが住んでいるらしい。

「ほら、そこの、インドの王様《マハラージャ》みたいな人なんか」とテプロタクスルが言った。「少なくとも2000歳だ」

ふたりが通り過ぎていく部屋は、ますます大きくなり、ますます豪華になっていった。老人はロバートを連れて、とうとう神殿《しんでん》のような建物《たてもの》の前に立った。

「ここには入れない」と、ロバートは説明された。「白い服を召《め》された方はな、大物すぎて、わたしのような小物の悪魔なんぞ、声をかけることも許されない。ギリシア出身でな、考え出されたものはすべて、並はずれて厄介なものだ。床にタイルが貼ってあるだろうが。ギザギザが5つの五角星と五角形ばっかり。床全体をな、継《つ》ぎ目《め》なしにそれで埋《う》めつくそうと思われたのだが、うまくいかなかった。そこで、わけのわからん無理数を発見されたというわけだ。5の大根に、2の大根。おぼえてるか、これがどんなに虫の好かない数か？」

「もちろんだよ」と、ロバートはうなずいた。

「ピタゴラスというお名前だ」と、数の悪魔がささやいた。「ほかに、どんなものを考え出されたか、知ってるか。

す・う・が・く、数学だよ。さ、もうすぐ着くぞ」

ふたりが入っていったホールは、ロバートがこれまでに見たホールのなかで、一番大きかった。大聖堂《だいせいどう》よりも大きかった。総合体育館《そうごうたいいくかん》よりも大きかった。おまけに、ずっと、ずっときれいだった。壁の飾りにはモザイクが使われ、いろいろな模様になっていた。屋外《おくがい》の大きな階段は、ずうっと高くまでつづいていて、どこで終わりになっているのかわからないくらいだ。踊《おど》り場《ば》には金色の玉座《ぎょくざ》があったが、だれもすわっていない。

ロバートはすっかり感心した。数の悪魔たちの住まいがこんなにぜいたくだとは、思ってもいなかったのだ。

「地獄だなんて、とんでもない。まるで楽園じゃないか」

「そう言うな。たしかに不満はないぞ。だがな、考えている問題が先に進まなくなると、もう、気が狂いそうになるんじゃ。解ける一歩手前なのに、突然、目の前に壁が立ちはだかる。そういうのって、地獄だぞ」

ロバートは悪魔の気持ちがわかって、なにも言わなかった。そして、まわりを見わたした。いまごろになって気がついたのだが、ほんとうにはてしなく長い、りっぱなテーブルが、ホールのまんなかにあった。壁ぎわには召使《めしつか》いがひかえており、入り口のすぐ横には、のっぽの男がバチをもって立っている。男は大きくふりかぶって、大きな銅鑼《どら》をたたいた。音が宮殿中にひびきわたった。

「さあ」とテプロタクスルが言った。「末席《まっせき》にわたしらの席をさがすんだ」

ふたりが席をさがしているあいだに、えらい悪魔たちが、どんどん入ってきた。オイラーやガウス教授の顔が見える。

肩にウサギをのせたフィボナッチの姿もある。だがほとんどが、はじめて見る悪魔の顔だった。おごそかな調子で歩いてくるエジプト人、ひたいに赤い点をつけたインド人、頭巾《ずきん》と短いマントをつけたアラブ人、僧服《そうふく》を着た修道僧《しゅうどうそう》、黒人、インディアン、三日月《みかづき》のようなサーベルをもったトルコ人、ジーンズをはいたアメリカ人。

ロバートはおどろいた。数の悪魔はたくさんいるのに、女の人がなんて少ないんだろう。せいぜい６人か７人の女性がいるだけで、しかもあまりえらい席についていない。

「女の人、どこにいるの？　ここに来ちゃいけないの？」

「以前はな、女の人を無視してた。数学は女のするもんじゃない、と宮殿では言われておった。だがな、だんだん変わってくるだろう」

何千人ものお客がそれぞれ席につき、ぼそぼそとあいさつをかわした。それから入り口でのっぽの男がもう一度銅鑼を鳴らすと、ホールが静かになった。大きな階段に、絹《きぬ》の服を着た中国人があらわれて、金色の玉座に腰をおろした。

「だれなの？」とロバートがたずねた。

「0の発明者だよ」とテプロタクスルがささやいた。

「じゃ、一番えらい人？」

「いや、2番目にえらい人」と老人が説明した。「一番えらいお方はな、階段のとどかない、雲の上にお住まいだ」
「その方も中国人？」
「それがわかればね。まだ一度もお顔を拝《おが》んだことがないんでな。だが、その方こそ、すべての数の悪魔のお頭《かしら》なんだ。1を発明されたのじゃ。ことによると男性ではないかもしれん。ひょっとしたら女性かもな」
ロバートはすっかり感動して、長いあいだだまっていた。そのあいだに召使いたちが給仕《きゅうじ》しはじめていた。
「トルテばっかじゃないか」とロバートがさけんだ。
「しいーっ。大きな声を出すんでない。ここの食べ物はトルテだけじゃ。トルテは円で、円こそもっとも完全な図形だから。さあ、食べてごらん」
ロバートは、こんなにおいしいものを食べたことがなかった。
「このトルテがどれくらいの大きさか、知りたくなったら、おまえ、どうするね？」
「わかんないよ。まだ教えてもらってないよ。それにさ、学校じゃ、ずうっとパンばっかりだから」
「わけのわからん無理数を使うんだ。無理数のなかでも一番大切なやつをな。ほら、テーブルの一番上座にすわっている人が、そいつを発見した。こちらもギリシア人。この人がいなかったら、トルテの大きさがわからんままだったかも。自転車も、指輪《ゆびわ》も、石油《せきゆ》タンクも、ようするに円形のものは、みんな、そう、月や地球ですら。円周率《えんしゅうりつ》のπ《パイ》という数なしでは、なんにもできん」
そのうち数の悪魔たちが興奮《こうふん》しておしゃべりをはじめ、

ホールががやがやとざわめいた。たいていの悪魔は食欲旺《しょくよくおう》盛《せい》だった。だが数人の悪魔だけは、考えごとに夢中《むちゅう》になって、トルテの生地《きじ》をこねまわして小さなボールをつくっていた。飲み物もたくさんあった。さいわいなことに、五角形のクリスタルグラスで、クライン氏の狂ったビンではなかった。

食事の時間がおしまいになると、銅鑼が鳴って、0の発明者は玉座を立ち、上へ消えていった。ほかの数の悪魔もしだいに席を立った。もちろんえらい人が先で、それぞれの研究室へのろのろ歩いて引きあげていった。テーブルにすわっていたのは、とうとうロバートと、後見人の悪魔だけになった。

豪華な制服を着た紳士がふたりのほうへやってきた。その紳士のことはそれまでロバートはまったく気づいていなかった。きっと事務総長《じむそうちょう》なんだ。ぼくの招待状にサインした人だな。

「さて」と、位の高いその人はきびしい表情で言った。「こちらが、あなたのお弟子さん？　かなり若いじゃありませんか。すこしは魔法、できますか？」

「いえ、まだ」。ロバートの友人が答えた。「でも、このままつづければ、きっと近いうちにできるようになります」

「では、素数はどうですか？　どれくらいあるか、知ってますか？」

「たくさんあります」と、ロバートが急いで答えた。「自然数や奇数やホップした数なんかとおなじくらい、たくさん」

「よろしい。では、ほかの試験《しけん》は免除《めんじょ》しましょう。さて、名前は？」

「ロバートです」

「立ちなさい。これによってロバートを、数の弟子の最下級に迎えいれることとする。その位階《いかい》のしるしとして、ピタゴラスの数の教団5級の勲章《くんしょう》をさずけることとする」

そう言って事務総長は、ロバートの首にずっしりとした鎖《くさり》のネックレスをかけた。ギザギザが5つある金の星が鎖にぶらさがっていた。

「ありがとうございます」とロバートが言った。

「言うまでもないが、この勲章のことは秘密にしておくように」と、事務総長がつけ加えた。そしてロバートには目もくれず、きびすを返して、姿を消した。

「さて、これでよし」。ロバートの友だちで先生でもある悪魔が言った。「わたしは行くぞ。これからは、ひとりでうまくやってくことだ」

「えっ？ ぼくのこと見捨てたりなんかしないでしょ、テプロタクスル！」と、ロバートはさけんだ。

「残念ながら、わたしも研究にもどらんと」と、老人が答えた。

ロバートには、悪魔の心が揺れていることがわかった。ロバート自身、おいおい泣きたかった。こんなにまで悪魔のことが好きになっているとは、まったく気づいていなかったのだ。しかし、もちろんふたりとも、おたがいに心のなかを気づかれないようにした。テプロタクスルは、そっけなくこう言っただけだった。

「しっかりな、ロバート」

「さよなら」と、ロバートは言った。

するともうロバートの友だちは姿を消していた。こうしてロバートは、大きなホールのなかでたったひとり、からっぽの食器がならぶテーブルの前にすわっていた。いったいどうやって家に帰ればいいんだろう？　ぶらさげている鎖のネックレスが1分ごとに重たくなっていくように感じた。おまけに、あのすばらしいトルテがまだ胃《い》のなかに残っていた。もしかして飲み物も一杯よけいだったのかも？　ともかくロバートは椅子にすわったまま居眠りをはじめ、そのうちぐっすり眠りこんでしまった。老先生の肩につかまって、窓から飛んだことなどなかったかのように。

目をさますと、もちろん、いつものようにベッドのなかだった。お母さんがロバートを揺すって、さけんでいる。

「時間よ、ロバート。いますぐ起きないと、学校、遅れちゃうわ」

あーあ。ロバートは思った。いっつも、おんなじだ。夢のなかじゃ、おいしいトルテが食べられるし、うまくすりゃ、金の星のネックレスまでもらえるというのに、目がさめると、全部、消えちゃってるんだ。

けれども、パジャマを着たままバスルームで歯をみがいていると、胸もとがくすぐったい。よく見ると、ギザギザが5つついた小さな五角形の星が、細い金の鎖にぶらさがっているではないか。

ロバートは目を疑った。こんどは夢がほんもののお土産《みやげ》をくれたのだ。

服を着るとき、星のついた小さな鎖ははずして、ズボンのポケットにつっこんだ。こうしておけば、お母さんからばかな質問をされなくてすむ。「どうしたの、その星？」とたずねられるに、決まっているからだ。「ちゃんとした男なら、アクセサリーなんてしないわ！」

それが秘密の勲章だなんて、ロバートに説明できるわけがない。

学校はいつもとおなじだった。ただしボッケル先生は、とてもくたびれた顔をしていた。新聞をひろげて、その後ろに隠《かく》れていた。こっそりパンを食べるつもりらしい。そのために、みんなに出す問題を考えていた。ボッケル先生には自信があった。残り時間を全部使わないと解けない問題なのだ。

「このクラスには、生徒は何人いるんだい？」という質問に、せっかちなドリスは、すぐに立ちあがって、答えていた。「38人でーす」

「よろしい、ドリス。じゃ、よく聞いて。前にすわってる1番目の生徒が、ええっと、アルバートだよね、そう、アルバートがパンを1個もらうことにする。つぎに、2番目の生徒のベッティーナは、パンを2個もらうことにする。チャーリーは3個、ドリスは4個、という具合にして、38番目の生徒までいくことにしよう。じゃ、いいかな、計算して。こんなふうにして教室のみんなにパンを配るには、パンは何個いりますか」

あーあ、またこれだよ、ボッケル問題だ！　ボッケルなんて、とっとと消えちゃえ。ロバートは思った。けれどもそんな顔はしないでおいた。

ボッケル先生は、ゆうゆうと新聞を読みはじめた。生徒たちはノートにむかって計算をはじめた。

もちろんロバートは、こんなばかばかしい問題をやる気にはならなかった。すわったまま、ぼーっとしていた。

「どうした、ロバート？　また夢でも見てるのか」と、ボッケル先生がさけんだ。生徒のことは、ちゃんと見ていたのだ。

「ちゃんとやってます」。ロバートはそう言って、ノートに書きはじめた。

$$1+2+3+4+5+6\cdots$$

なんだよ、これは！ 11まで計算したときに、わけがわからなくなってしまった。たとえ5級であるにせよ、ピタゴラスの数の教団の勲章をもっているロバート様に、こんなことがあっていいものか。そのときロバートは、星を首にかけていないことに気がついた。ズボンのポケットにいれたままなのだ。

用心してポケットからとりだすと、ボッケル先生に見つからないように、小さな鎖をちゃんと首にかけた。その瞬間、どうやったらエレガントに解くことができるか、わかったのである。だてに＜三角形の数＞を知っているわけではなかった。ええっと、あれ、どうだったかな。ロバートはノートに書いていった。

$$\begin{array}{cccccc} 1 & 2 & 3 & 4 & 5 & 6 \\ 12 & 11 & 10 & 9 & 8 & 7 \\ \hline 13 & 13 & 13 & 13 & 13 & 13 \end{array}$$

$$6 \times 13 = 78$$

1から12までの数でできるのなら、1から38までだってできるはずだ！

$$\begin{array}{cccccc} 1 & 2 & 3 & \cdots & 18 & 19 \\ 38 & 37 & 36 & \ldots & 21 & 20 \\ \hline 39 & 39 & 39 & \ldots & 39 & 39 \end{array}$$

$$19 \times 39 = ?$$

椅子の下に置いてあるカバンから、こっそりと電卓をとりだして、数字を打っていった。

$$19 \times 39 = 741$$

「できた」と、ロバートはさけんだ。「簡単だよ、こんなの」

「ほほう」。ボッケル先生はそう言って、新聞から目をあげた。

「741でしょ」と、ロバートは小さな声で言った。

教室がひっそりしずまりかえった。
「どうやって計算した？」と、ボッケル先生がたずねた。
「ああ」と、ロバートが答えた。「自然にできちゃったんだよ」。ロバートはシャツの下の小さな星をギュッとにぎりしめ、数の悪魔のことを思い出した。ありがとう。

ちょっと注意

どんなことでも夢のなかでは、学校や科学とはようすがちがう。ロバートと数の悪魔がおしゃべりするとき、かなり奇妙な言葉が出てくることがある。それは不思議でもなんでもない。『数の悪魔』というこの本は風変《ふうが》わりな物語なのだ。

だから、このふたりが口にする夢の言葉を、みんながわかるなどと思ってもらっては困る。たとえば数学の先生とか、お父さんやお母さんが、わかるとはかぎらない。「ホップする」とか「大根」なんて言っても、チンプンカンプンだろう。大人たちはちがった言い方をするからだ。「ホップする」とは言わず、「2乗」とか「累乗《るいじょう》」と言う。数学の時間に先生は口が裂《さ》けても「5のびっくり」なんて言わないだろう。「5の階乗《ファカルティ》」という、ちゃんとした外来語《がいらいご》があるからだ。

夢にはもちろん、そんな専門用語は出てこない。だれも外来語ばっかりの夢なんか見ないだろう。だから数の悪魔が比喩《ひゆ》を使って、累乗のかわりに「ホップ」と言ったとしても、それは、子どもだましのガラクタとはちがう。夢では、なんでも好きなことができるのだ。

授業では居眠《いねむ》りしないことになっているし、ほとんど夢も見ない。だから数学の先生が、世界中の数学者とおなじような言葉を使ったとしたら、それは先生のほうが正しいのだ。どうか、先生の言うとおりにしてほしい。でないと、学校じゃ、厄介なことになるぞ。

言葉のリスト

この本を読んだ人が、あとになってから、なにか調べる必要があって、そのなにかがこの本ではどう呼ばれていたか、わからない場合があるだろう。そのときは、このリストを調べればいい。すぐにわかるはずだ。

アイウエオ順に並べておいたので、数の悪魔やロバートが使う夢の言葉だけでなく、「正しい」言葉も、つまり数学者たちが使う公式《こうしき》の言葉も見つかるはずだ。「正しい」言葉は、気をつけした正しい姿勢で印刷し、夢の言葉は、ちょっと斜めに寝かせて印刷しておいた。

ところでこの表には、この本には出てこなかった言葉もいくつか並んでいる。けれども、ぜんぜん気にする必要はない。

つまりこの『数の悪魔』という本が、数学者やほかの大人に読まれることもあるのではないか、と考えたからだ。その人たちにも、腹をかかえて笑ってもらいたいのである。

ア行

握手（重複しない組合せ） 151-154
アメリカ旅行（旅するセールスマンの問題） 219
アルキメデス、シラクサの（紀元前287-212） 239
1、単位元 14、239
i ($\sqrt{-1}$) 235
ウサギ 105-114
ウサギ時計 107-114
後ろにホップする（開平する） 72-78
n個の組合せ（*掃除当番*） 155-160
エラトステネス（紀元前280-200ころ） 53-55
エラトステネスのふるい（素数を見わける）53-55
円の計算（*トルテ*） 239
オイラー、レオンハルト（1707-1783） 235、237
オイラーの公式 196-198、200-204

カ行

階乗（*びっくり*） 150-151、172、221
開平する（*大根を抜く、後ろにホップする*） 72-78
ガウス、カール・フリードリヒ（1777-1855） 235、237
角（*点*） 195-198、200-204
可算無限集合 15-16、167-173
ガムがふえる（無限に大きな数） 15-16
ガムをわる（無限に小さな数） 17-19
カントル、ゲオルク（1845-1925） 234
カントルのホコリ 234
木 115-116
奇数 168-169
帰納 102、189、191
級数 174-180
極限 67、177、190
極限値 67、177、190
虚数（*想像上の数*） 236

クァン　76、193
組合せ理論　143-160
クライン、フェーリクス（1849-1925）234
クラインのビン　233-234
公理　213
五角形　192-196
五角形でつくったボール（正十二面体）200
コッホ曲線　185
ゴールドバッハの推測　57-58
根（*大根*）72-78
根をもとめる（開平する、*大根を抜く*、*後ろにホップする*）72-75

サ行

サイコロ（正六面体）199-201
最適化問題　221-222
〈三角形の数〉（三角数）87-94、97、125-129、134、152-154、157、173、244-245
ジーエルピンスキーのパッキング、三角形　132-138
〈四角形の数〉　94-96
自己相似　194
自然数（*普通の数*）167-169
十進法　34-42
循環小数　70、189
順列（*席がえ*）143-151
小数　64-71、189
証明　210-219、222
推測　210
『数学原理』（B.ラッセル／A.N.ホワイトヘッド）217-219
すごい数（素数）51-59、170
正四面体（*ピラミッド*）198
正四面体リング（*ピラミッド・リング*）203-204
正十二面体（*五角形でつくったボール*）200
正二十面体　199

正八面体（二重ピラミッド）　199
正方形の対角線　75-76
正六面体（サイコロ）199-201
席がえ（順列）143-151
0　30-35、38、238
0乗　211
0でわる　49-51
線（辺）196-197、200-204
素因数分解　56
掃除当番（n個の組合せ）　155-160
想像上の数（虚数）　236
素数を見わける　52-58

タ行

大根（根）　72-75
多角形　198
旅するセールスマンの問題（アメリカ旅行）219
多面体　197-204
多面体の表面　222
単純な分数　17-18、174-176
単体アルゴリズム　222
超可算集合　78、234
重複しない組合せ（握手）151-154
調和級数　178-180
点（角）195-198、200-204
等差級数（算術級数）　93-94、243-245
等比級数（幾何級数）　174-177
トポロジーの対象（パン）233
トルテ（円の計算）　239

ナ行

二重ピラミッド（正八面体）　199
2乗数、平方根（〈四角形の数〉）94-96

2乗する、平方する　74-75、130、173
ネットワーク　196-197

ハ行
π　239
パスカル、ブレーズ（1623-1662）122-139
パスカルの三角形　121-138、158-159
パン（トポロジーの対象）233
ピタゴラス、サモスの（紀元前6世紀）236
ピタゴラスの定理　76-78
びっくり（階乗）150-151、172、221
ピラミッド（正四面体）198
ピラミッド・リング（正四面体リング）203-204
フィボナッチ［ピサのレオナルド］（1170-1240ころ）102、236、238
フィボナッチ数、フィボナッチ数列　102-114、132-133、173、188、190
普通の数（自然数）167-169
負の数（マイナスの数）32-33
フラクタル　185-187
分数　17-18、174-180
平方根　74
ベルトランの公準　57-58
辺（線）196-197、200-204
ホップする（累乗する）35-38、40、92、95-96、104、121、130、173、195

マ行
マイナスの数（負の数）32-33
無限小数　64-71、189
無限に大きな数（ガムがふえる）15-16
無限に小さな数（ガムをわる）17-19
無理数（わけのわからん無理数）71、73、189-190

ヤ行

ラ行

ワ行

お礼

どこから見ても私は数学者ではない。だから、手助けしてくださった人たちにはお礼を言っておきたい。

まず最初に名前をあげたいのは、私の数学の先生、テオ・レナーである。ゾマーフェルトの弟子であるレナー先生は、ボッケル先生とは正反対の人で、数学はおもしろいものであって、恐ろしいものではないということを、くり返し証明してくださった。

つぎに、最近の数の悪魔たちの名前をあげておきたい。この本を書くとき、その著書《ちょしょ》を参考にさせていただいた。ジョン・H・コンウェイ、フィリップ・J・デイヴィス、キース・デヴリン、イヴァル・エーケランド、リチャード・K・ガイ、リューベン・ハーシュ、コンラッド・ジェイコブズ、テオ・ケンパーマン、イムレ・ラカトス、ブノワ・マンデルブロー、ハインツ＝オット・パイトゲン、イアン・ステュアート。

ボンのマックス・プランク研究所の数学者ピーター・モレーには、原稿《げんこう》を読んでもらい、いくつかの誤りを指摘していただいた。

ここでお名前をあげた方々は、もちろん、ロバートの夢に責任があるわけではない。

1996年秋、ミュンヘン

ハンス・マグヌス・エンツェンスベルガー

訳者あとがき

算数とか数学と聞いただけで、脳が筋肉痛《きんにくつう》をおこして、「や、やめてーっ！」と悲鳴《ひめい》をあげる人がいるだろう。青いパジャマを着た少年ロバートもそうだった。ところがある夜、ロバートは思いがけない夢を見る。数の悪魔があらわれたのだ。ちょっと意地悪そうな悪魔が、魔法のように数をあやつって、ロバートをからかったり、驚かせたりしながら、楽しいレッスンをはじめる。

10歳から100歳までの「子ども」のための深夜のレッスン。登場するのは、1、0、素数、無理数、三角数、フィボナッチ数、パスカルの三角形、順列・組合せ、無限《むげん》と収束《しゅうそく》、オイラーの公式、旅するセールスマンの問題、ウソつきのパラドックス……。メニューを見て、文部省のカリキュラム係なら、目を白黒させるかもしれない。

だが、だいじょうぶ。ここは夢の学校で、先生は数の悪魔。数学なんかこわくない。10歳の子どもにだって、ちゃんとわかる。数の悪魔がステッキをひとふりすれば、目からウロコの数学なのだ。「数ほどワクワクするものはないだろう」と悪魔がささやく。数学は女王である。きれいで、不思議で、有能《ゆうのう》で、陽気《ようき》なこの女王さまと遊べば、ロバートでなくても、脳の筋肉痛なんか吹き飛んで、きっと数学が楽しく好きになるだろう。

著者のエンツェンスベルガーは、現代ドイツを代表する書き手で、ハイネやブレヒトにくらべられることもある大物だ。とても頭のいい人で、思いがけない切り口の社会批判と、べとべとしない感覚で知られている。そういう人の書いた本だから、もちろん、猫なで声なんか聞こえてこない。「数の悪魔はサンタクロースじゃないんだ」

猫なで声のかわりに、さりげなくあちこちに、含蓄《がんちく》のある言葉がはさみこまれている。たとえば「素数というのは悪魔のようじゃ。もっとも、悪魔みたいなものが、おもしろいわけだが」。また「正方形というのはな、奥が深いものなんだ。正方形を信用するな。見かけは、きちんとしていて行儀《ぎょうぎ》がよさそうだが、なかなか油断のならん相手だ」

『数の悪魔』を翻訳するのは、じつに愉快《ゆかい》だった。愉快にやったものの、とんでもないミスがあってはこまる。そこで、東京都立大学数学科の佐々井崇雄先生にチェックをお願いした。ゲラを渡したのは夕方で、その日の夜9時には電話が鳴った。「おもしろかったので、晩ごはんのときも休まず、一気に読んじゃいました。さて……」。しめしめ、私は顔をほころばせながら、ゲラで直すべき点を教えていただいた。佐々井さんは私にとって、数の天使である。

ドイツ生まれの『数の悪魔』(Hans Magnus Enzensberger: Der Zahlenteufel──Ein Kopfkissenbuch für alle, die Angst vor der Mathematik haben. Hanser, 1997)を運んできてくれた本の天使は、晶文社編集部の原浩子さん。原さんは、日本の10歳から100歳までの「子ども」が読みやすくなるよう、いろいろ助言してくださった。

とはいえ、天使たちの忠告にしたがわなかった場合もある。日本語のロバートの夢にいきとどかない点があるなら、もちろん、それは私の責任である。

1998年7月

丘沢静也

著者について
ハンス・マグヌス・エンツェンスベルガー
1929年～2022年。ドイツの詩人・作家・評論家・編集者。党派に属さず、つねに時代と社会への鋭い提言にみちた文筆活動を展開し、「ドイツ知識人の頭脳」とも呼ばれている。『エンツェンスベルガー全詩集』(人文書院)、『意識産業』『政治と犯罪』『ハバナの審問』『スペインの短い夏』『ヨーロッパ半島』『ドイツはどこへ行く？』『冷戦から内戦へ』『がんこなハマーシュタイン』『お金の悪魔』(いずれも晶文社)など。

画家について
ロートラウト・ズザンネ・ベルナー
1948年生まれ。ドイツの画家。グラフィック・デザインを学んだ後、本の挿絵を数多くてがける。絵本に『ABC—ネコ、雪のなか』など。

訳者について
丘沢静也(おかざわ・しずや)
1947年、神戸生まれ。東京大学大学院修了(ドイツ文学)。東京都立大学名誉教授。著書に『からだの教養』(晶文社)『コンテキスト感覚』(筑摩書房)『下り坂では後ろ向きに』(岩波書店)『マンネリズムのすすめ』(平凡社新書)『恋愛の授業』(講談社)など。訳書にニーチェ『ツァラトゥストラ』、カフカ『変身／掟の前で』、ケストナー『飛ぶ教室』、エンデ『鏡のなかの鏡』、ヴィトゲンシュタイン『哲学探究』、ベンヤミン『ドイツの人びと』など。

普及版《ふきゅうばん》　数《かず》の悪魔《あくま》 —— 算数・数学が楽しくなる12夜

2000年 9月 5日 初版
2025年 9月10日 62刷

著者　ハンス・マグヌス・エンツェンスベルガー
画家　ロートラウト・ズザンネ・ベルナー
訳者　丘沢静也
発行者　株式会社晶文社
東京都千代田区神田神保町1-11　〒101-0051
電話　03-3518-4940(代表)・4942(編集)
URL　http://www.shobunsha.co.jp

印刷：株式会社 ダイトー
製本：ナショナル製本協同組合
ISBN 978-4-7949-6454-0　Printed in Japan
本書を無断で複写複製することは、著作権法上での例外を除き禁じられています。
〈検印廃止〉落丁・乱丁本はお取替えします。

好評発売中

考える練習をしよう　バーンズ　ウェストン絵　左京久代訳

自分がドジでまぬけだとしか思えないとき、どうやってシャンとするか？　みんなお手あげ、そんなときどうするか？　さあ、今までとちがった仕方で考えてみよう。この本には楽しみながら頭に筋肉をつける問題がどっさりある。〈子どものためのライフ・スタイル〉

自分で考えよう　エクベリ　ノードクヴィスト絵　枇谷玲子訳

この世界には、わかりきってることなんかひとつもない。あたりまえを疑って、自分で考えることが大切だ。古代の哲学者は、なにを、どんなふうに考えてきたの？脳のしくみは、考えることにどう影響する？スウェーデンで生まれた子どものための「考えるレッスン」

3つの鍵の扉　フェルナンデス＝ビダル　轟志津香訳　本田亮絵

少年ニコが謎のメッセージにみちびかれ、量子の世界でくり広げる冒険活劇！　宇宙はどうやってなりたっているの？　素粒子の不思議な性質、消えては現れるシューレディンガーの猫… 今話題の素粒子についてわかる！

自分をまもる本——いじめ、もうがまんしない　ストーンズ　小島希里訳

いじめは、私たちがかかえる最も大きな問題。身近な実例をもとに、きずついた心を癒し対処する方法をやさしい文とイラストで綴るハンドブック。「子どもたちに『元気を取り戻す法』を具体的に示す本」（朝日新聞）「大人にもぜひ読んでほしい」（毎日新聞）

暴力から身をまもる本　ジャフェ、サン＝マルク　永田千奈訳

お兄ちゃんや上級生がいじわるをする。そんなときどうすればいいの？　いじめや暴力にたいする対処法をやさしく解説。自分で自分の身をまもり、安全で自立した生活をおくるために必要なことを考える、子どものための〔生活ガイド〕絵本。

永遠の夢　レイ・ブラッドベリ　北山克彦訳

半世紀を超える創作活動を経てなお、壮大なヴィジョンを胸に抱き続けるブラッドベリ。住民のだれも年をとらない不思議な隠れ里の謎を探る「どこかで楽隊が奏でている」。メルヴィルの『白鯨』を土台に描かれた「2099年の巨鯨」。未発表の中編2作を収録。

好評発売中

たんぽぽのお酒　レイ・ブラッドベリ　北山克彦訳

ここはイリノイ州グリーンタウン。夏の陽ざしのなかをそよ風にのって走る12歳の少年ダグラス。その多感な心に刻まれるひと夏の不思議な事件の数々。少年の日の夢と愛と孤独を描ききった、ＳＦ文学の名手によるファンタジーの永遠の名作。　**文学のおくりもの**

さよなら僕の夏　レイ・ブラッドベリ　北山克彦訳

おかえり、ダグラス——。永遠の名作『たんぽぽのお酒』で描かれた、夏の日から1年後。14歳になろうとするダグラスに何がおこったのだろうか。人生との和解を学びはじめた少年の心の揺らぎをあざやかに描いた、名手ブラッドベリによる少年文学の最高傑作。

ハロウィーンがやってきた　レイ・ブラッドベリ　伊藤典夫訳

ハロウィーン！　あらゆる伝説の生きものが星空をとびかう待ちに待った不思議な祭りの夜。怪人マウンドシュラウド氏に導かれ、思い思いに仮装した8人の子どもたちが時をさかのぼる。どこへ？　冒険か悪夢か——詩情あふれるファンタジー。　**文学のおくりもの**

まっぷたつの子爵　イタロ・カルヴィーノ　河島英昭訳

戦場で大砲をあびて、善と悪のまっぷたつに引き裂かれたメダルド子爵が帰ってきた！故郷の村でつぎつぎにまきおこる奇想天外な事件……。現代イタリア文学が生んだ最も面白い作品とうたわれるスリリングな傑作メルヘン。　**文学のおくりもの**

人間喜劇　ウィリアム・サロイヤン　小島信夫訳

少年の日に知った人生の愛しさ、哀しさ。14歳のホーマーは、貧しい一家を支えて働く町の電報配達。青年たちの戦死を知らせる電報は、人びとを悲しみの渦に巻きこむ。生と死が織りなす感動のドラマを、少年の目をとおして描く心打つ名作。　**文学のおくりもの**

ひとつのポケットから出た話　カエル・チャペック　栗栖継訳

これぞ、チャペック！　こんなに愉快なミステリがあったとは。人間の愚かさ、ぎこちなさ、哀しさを、愛情あふれる絶妙のユーモアでつづる珠玉の24編。チェコが生んだ才人作家のおかしなおかしな刑事物語。